信息素养文库 · 高等学校信息技术系列课程规划教材

C语言程序设计实践教程

◎主　编　顾海霞　刘一秀　周晓云
◎副主编　蔡　键　刘　啸　刘　艳
马　杰　杨　磊

【微信扫码】
本书导学，领你入门

南京大学出版社

图书在版编目(CIP)数据

C语言程序设计实践教程 / 顾海霞, 刘一秀, 周晓云主编. — 南京 : 南京大学出版社, 2018.1（2019. 1 重印）
（信息素养文库）
高等学校信息技术系列课程规划教材
ISBN 978 - 7 - 305 - 19751 - 2

Ⅰ. ①C… Ⅱ. ①顾… ②刘… ③周… Ⅲ. ①C语言—程序设计—高等学校—教材 Ⅳ. ①TP312.8

中国版本图书馆 CIP 数据核字(2017)第 317736 号

出版发行　南京大学出版社
社　　址　南京市汉口路 22 号　　　　邮　编　210093
出 版 人　金鑫荣

从 书 名　信息素养文库·高等学校信息技术系列课程规划教材
书　　名　C语言程序设计实践教程
主　　编　顾海霞　刘一秀
责任编辑　惠　雪　王南雁　　　　编辑热线　025 - 83597482

照　　排　南京南琳图文制作有限公司
印　　刷　南京新洲印刷有限公司
开　　本　787×1092　1/16　印张 14.5　字数 360 千
版　　次　2018 年 1 月第 1 版　2019 年 1 月第 2 次印刷
ISBN 978 - 7 - 305 - 19751 - 2
定　　价　36.80 元

网址：http://www.njupco.com
官方微博：http://weibo.com/njupco
官方微信号：njupress
销售咨询热线：(025) 83594756

前　言

C 语言是国内外广泛使用的计算机语言。C 语言既具有高级程序设计语言的优点，又具有低级程序设计语言的特点；C 语言既可以用于编写系统程序，又可以用于编写应用程序。通过学习 C 语言，学生能够了解程序设计的思想和方法，掌握 C 语言程序设计的基本知识，从而具备一定的程序设计能力。

本书是《C 语言程序设计》教材的配套实践教程。每个实验本着循序渐进的原则，由简到难，逐步深化。另外，每个实验中均配有相应的习题，学生可根据自己的具体情况有选择的完成。本实践教程所有程序代码均可在全国计算机等级考试 C 语言的运行环境 Visual C++ 2010 下调试通过。

本书内容丰富，涵盖全国计算机等级考试各种题型（选择题、程序填空题、程序改错题、编程题等），具有知识点全面、例题典型、实用性强等特点。本书既可供高等学校学生使用，也可供报考计算机等级考试者或其他自学者参考。

全书包括两部分。第一部分是实验指导，包含 16 个实验，每个实验由实验目的、实验内容、习题、参考答案 4 个内容组成。第二部分是学习指导，共 11 章，每章包括 3 个内容：典型例题解析、实战与思考、参考答案。部分配套资源以二维码的形式在书中呈现，无需下载与注册，只需用微信扫描即可查阅；内容包括导学、补充习题、参考答案等，覆盖相关章节，能够让学习者随时随地用手机观看。另外，书中还附有 2 套模拟试题及参考答案。需要说明的是，本书给出的参考代码并非是唯一的答案。同一题目可以编写出多种程序，书中仅提供了一种参考答案。读者在使用本书时，千万不要照搬照抄，建议参考设计程序，从而编写更好、更简捷的程序。

本书编者均为多年从事 C 语言教学的一线教师，具有丰富的教学经验。由顾海霞、刘一秀、周晓云担任主编，编写组成员有蔡键、刘啸、刘艳、马杰、杨磊等。江苏师范大学计算应用教研室的同行们对本书的编写提供了诸多帮助！

在此向所有为本书做出贡献的同行们表示由衷的感谢。本书难免存在疏漏和不足之处，恳请广大读者批评指正，在使用过程中请多提宝贵意见，有利于我们进一步改进。

编　者

2017 年 12 月

目　录

实验指导

实验一 C程序运行环境和简单C程序调试

一、实验目的和要求

1. 熟悉C语言程序开发工具Visual C++ 2010的界面；
2. 掌握C语言程序设计的基本步骤；
3. 掌握Visual C++ 2010程序设计的流程，能够编写并运行简单的C程序；
4. 了解C语言程序执行时常见的语法错误提示，并根据提示，修改程序中的语法错误。

二、实验内容

（一）熟悉环境

1-1 熟悉Visual C++ 2010的界面，掌握并会使用，进行C程序设计的操作步骤。

在已经安装好Visual C++ 2010的系统中，按如下步骤打开：

- 鼠标左键单击Windows“开始”菜单。
- 点击“所有程序”，在程序列表中查找“Microsoft Visual Studio 2010 Express”，运行其中的程序“Microsoft Visual C++ 2010 Express”。

Visual C++ 2010界面如图1-1所示。

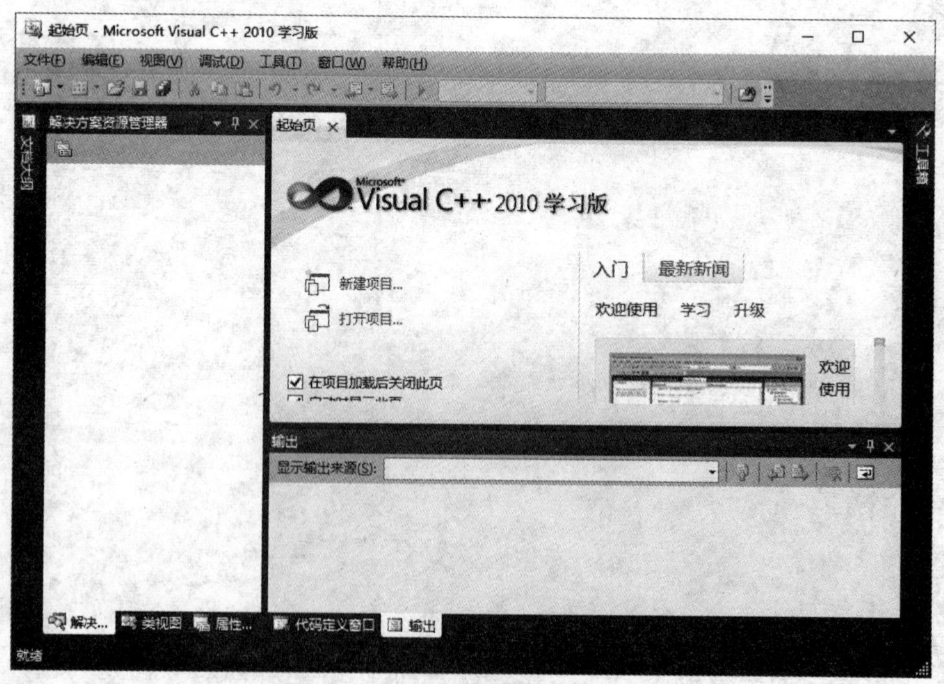

图1-1 Visual C++ 2010界面组成

1－2　编写一个C程序。输出字符串“Hello C World!”。

【算法提示】　屏幕输出可以使用C语言的标准函数“printf”实现，函数使用的相关细节将在后续章节中介绍。

[源程序]

```
#include <stdio.h>                //标准函数 printf 包含在头文件 stdio.h 中，必须引入
int main()                        //主函数
{
    printf("Hello C World!\n");   //利用标准函数 printf 进行屏幕输出
    return 0;
}
```

[操作步骤]

1) 新建一个项目及C程序文件(.C文件)，保存在自选合适磁盘位置。

左键单击“文件”菜单→“新建”子菜单→“项目”菜单项→打开“新建项目”窗口。项目模板选择“Win32控制台应用程序”，项目名称设置为“1－2”，选择合适的文件保存路径，单击“确定”按钮。程序项目新建窗口如图1－2所示。

图1－2　程序项目新建窗口

2) 接下来会弹出“Win32应用程序向导”窗口，“概述”页无需修改点击“下一步”。在“应用程序设置”页中勾选“空项目”附加选项，点击“完成”。如图1－3所示为Win32应用程序向导。

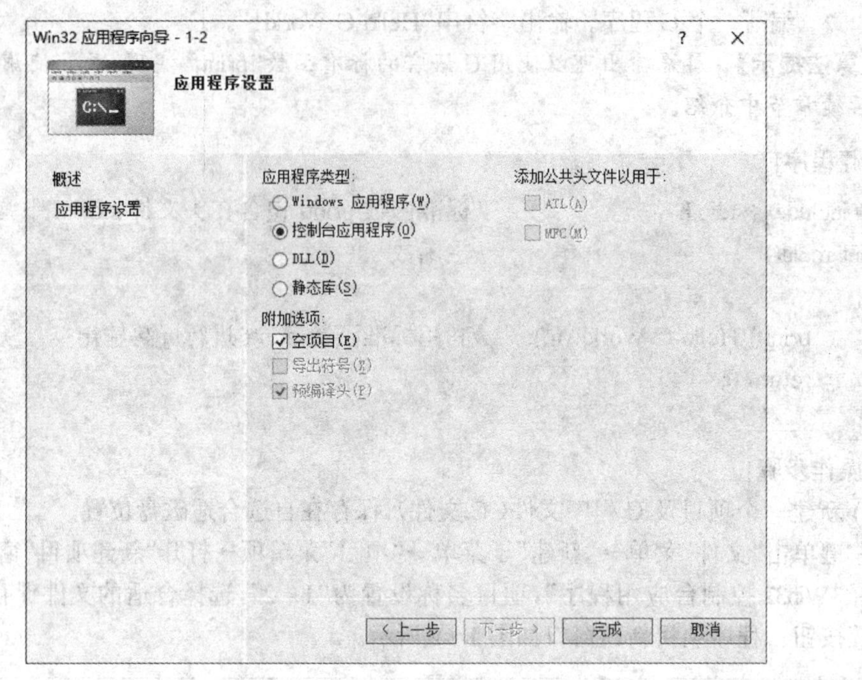

图 1-3　Win32 应用程序向导

3) 项目 1-2 建立完毕，之后为该项目添加 C 程序。在 Visual C++ 2010 工作平台左侧的"解决方案资源管理器"中的项目"1-2"上右键单击打开右键菜单，选择"添加"→"新建项"。如图 1-4 所示。

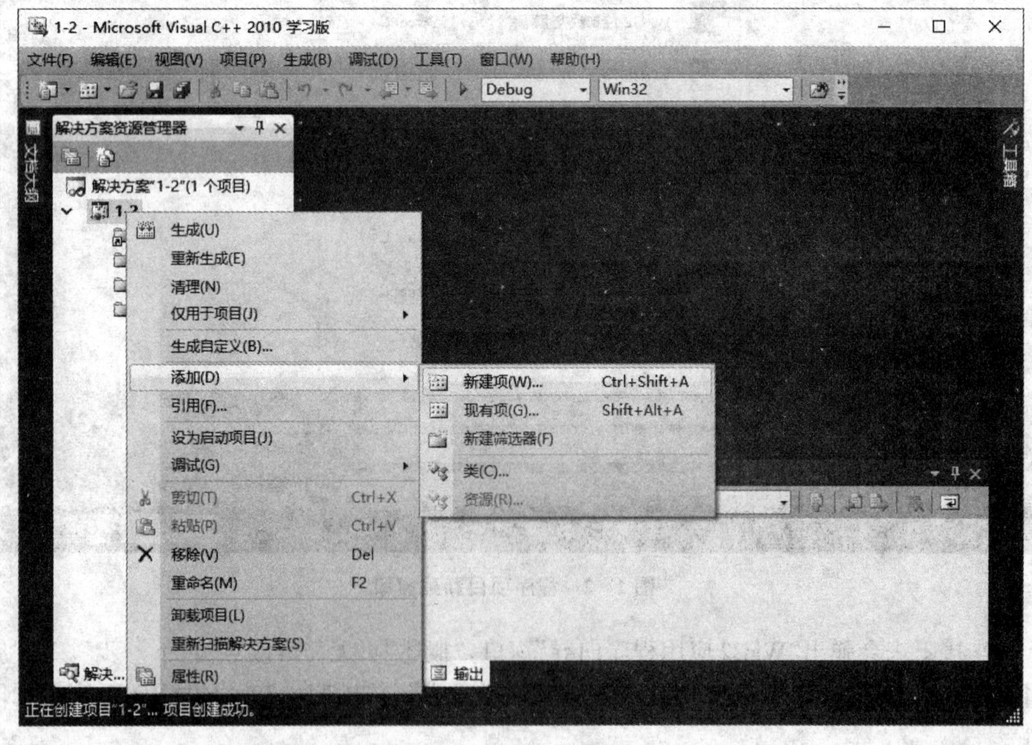

图 1-4　为项目添加文件

4) 在打开的“添加新项”窗口中，选择文件模板为“C++文件(.cpp)”，在“名称”框内输入“1-2.c”，最后点击“添加”。如图1-5所示。

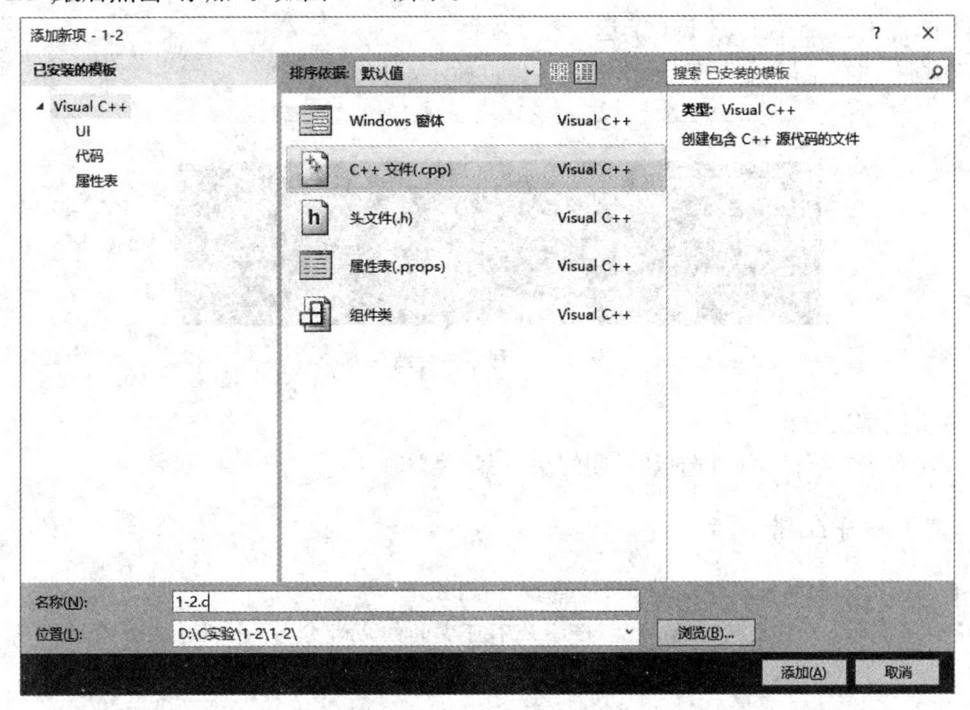

图1-5　新建C程序文件

5) 在程序编辑区域输入以上源程序，如图1-6所示。

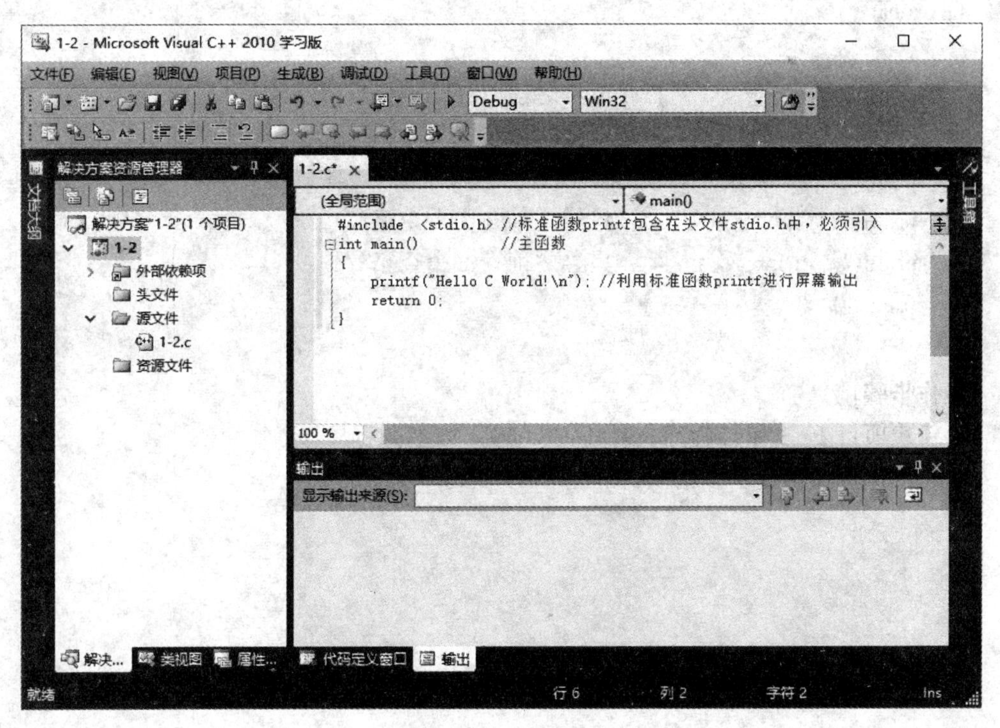

图1-6　编辑源程序

6) 调试执行程序。

在调试执行程序之前,确认“工具”菜单中“设置”平台工作模式为“专家设置”。打开“调试”菜单,点击“开始执行(不调试)”运行程序项目。

7) 查看执行结果,程序执行结果如图 1-7 所示。

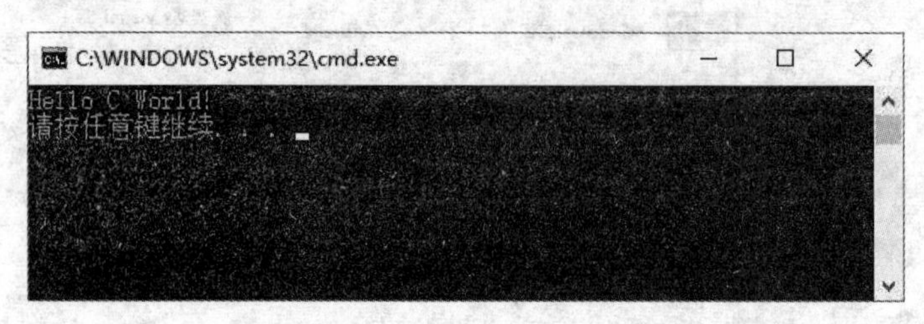

图 1-7 程序执行结果

8) 关闭解决方案。

左键单击“文件”菜单,选择“关闭解决方案”菜单项。

(二) 程序改错

1-3 以下程序中有语法错误,请查找并修改。

【算法提示】 主函数 main 是 C 程序必不可少的组成部分,每个程序文件有且只有一个主函数。

[源程序](其中含有语法错误)

```
#include <stdio.h>
int main()
{
    printf("  *\n");        /*星号之前有 2 个空格*/
    printf(" ***\n");       /*星号之前有 1 个空格*/
    printf("*****\n");
    printf(" ***\n");       /*星号之前有 1 个空格*/
    printf("  *\n");        /*星号之前有 2 个空格*/
    return 0;
}
```

[操作步骤]

1) 新建项目 1-3 和 C 程序文件 1-3.c,输入以上源程序。

2) 调试执行项目提示有错误,如图 1-8 所示。

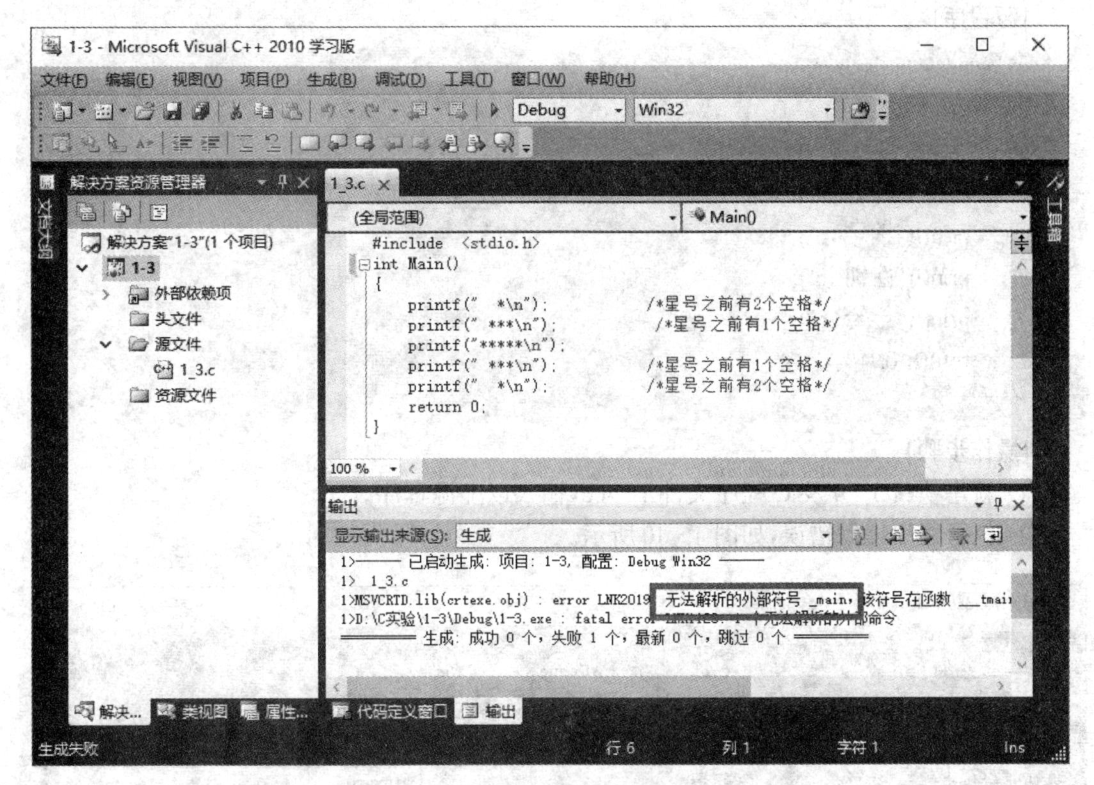

图 1-8　执行错误提示

错误提示"无法解析的外部符号_main"的含义是程序缺少主函数。仔细观察发现本程序中主函数 main 的首字母写成大写的 M。

3) 修改后再次执行，得到正确结果。如图 1-9 所示。

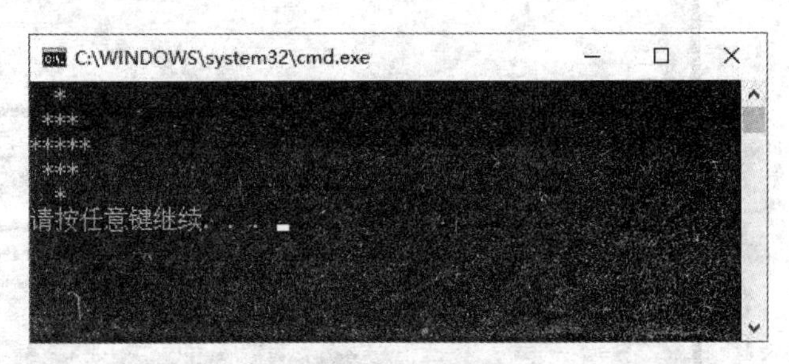

图 1-9　执行结果

4) 关闭解决方案。

【思考】 C 语言对于英文字母的大小写是敏感的，也就是说同一个字母的大小写在程序里被认定为不一样的元素。主函数应该是 main()，而本例中误写成了 Main()。一字之差，程序在执行时由于找不到应有的主函数而执行失败。

1-4　以下程序中有语法错误，请查找并修改。

【算法提示】 C 程序的可执行语句应以";"结束(英文输入状态分号)，具体"姓名""学号"等个人信息用户可以自行添加。

[源程序]

```
# include <stdio.h>
int main()
{
    printf("姓名:\n");          //中文输入状态分号
    printf("学号:\n");
    printf("性别:\n");
    printf("年龄:\n")
    return 0;
}
```

[操作步骤]

1) 新建项目 1－4 及 C 程序文件 1－4.c，输入以上源程序。

2) 执行程序提示错误，如图 1－10 所示。

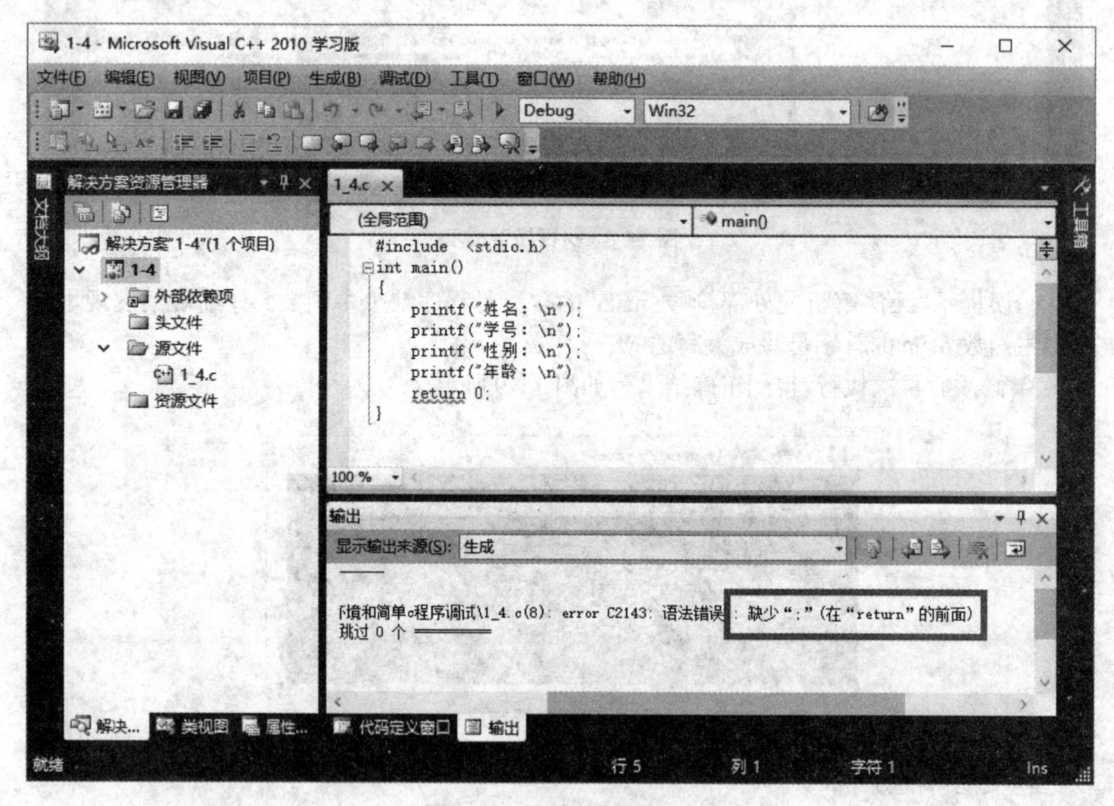

图 1－10　程序执行后提示

错误提示“语法错误：缺少“;”(在“return”前面)”。

3) 修改后再次执行成功，得到程序结果。

4) 关闭解决方案。

【思考】 C 程序中所出现的标点符号(字符串内除外)皆是英文状态，语句以逗号结束。

（三）程序设计

1－5　设计程序实现屏幕输出，如图 1－11 所示。

图 1－11　程序运行结果(1—5)

【算法提示】 程序的结构参考之前范例，使用 3 条 printf 语句实现内容输出。每行具体输出的内容要以 n 结尾，表示换行。

1－6　设计程序实现屏幕输出，如图 1－12 所示。

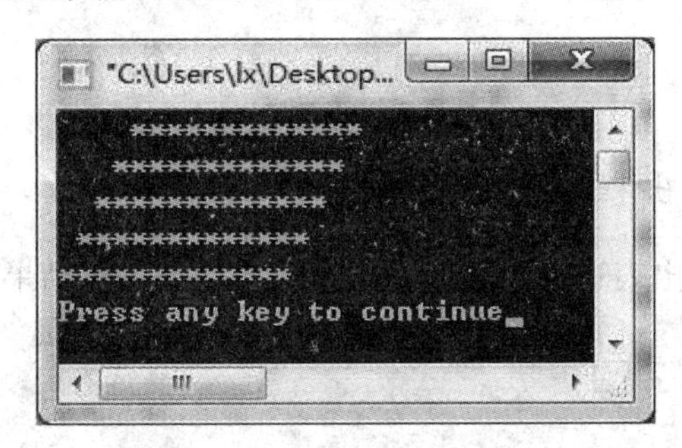

图 1－12　程序运行结果(1—6)

【算法提示】 程序的结构参考之前范例，使用 5 条 printf 语句实现内容输出。每行具体输出的内容要以\n 结尾，表示换行。注意空格符号的使用。

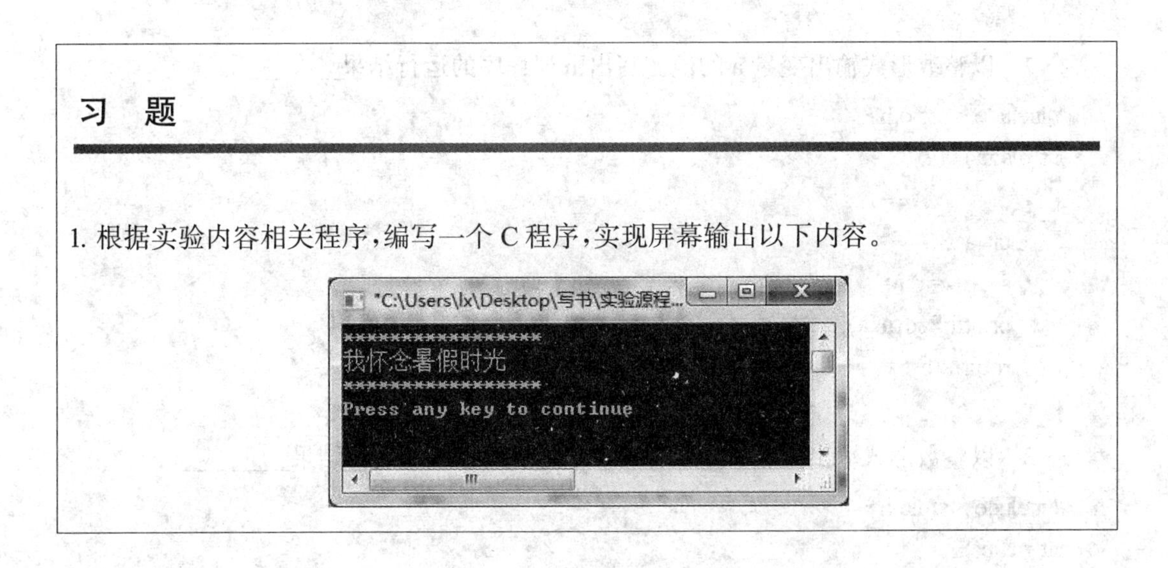

习　题

1. 根据实验内容相关程序，编写一个 C 程序，实现屏幕输出以下内容。

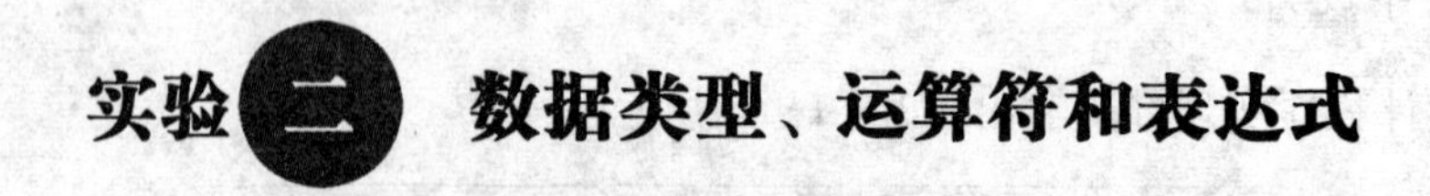

实验二 数据类型、运算符和表达式

一、实验目的和要求

1. 熟悉仅包含一个 main 函数的简单 C 语言程序；
2. 掌握整型、浮点型和字符型三种基本数据类型的常量、变量表示/定义和使用方法；
3. 掌握宏常量和 const 常量的定义和使用；
4. 掌握赋值运算符、算术运算和复合的赋值运算的使用方法；
5. 能够在程序中熟练使用常用的标准数学函数。

二、实验内容

（一）阅读程序，写出程序的运行结果

2-1 以字符形式输出表达式的值。写出下列程序的运行结果________。

```
#include <stdio.h>
int main()
{
    int x=0x9;
    printf("%c\n",'A'+x);
    return 0;
}
```

2-2 以整数形式输出变量 a 的值。写出下列程序的运行结果________。

```
#include <stdio.h>
int main()
{
    int a=3;
    a+=a-=a*a;
    printf("%d\n",a);
    return 0;
}
```

2-3 以整数形式输出变量 x、y、z 的值。写出下列程序的运行结果________。

```
#include <stdio.h>
int main()
```

```
{
    int x,y,z;
    x=y=1;
    z=x++,y++,++y;
    printf("%d,%d,%d\n",x,y,z);
    return 0;
}
```

2-4　先做宏替换，再输出计算结果。写出下列程序的运行结果________。

```
#include  <stdio.h>
#define  S(x)  x*x
int  main()
{
    int k=5,j=2;
    printf("%d,%d\n",S(k+j+2),S(j+k+2));
    return 0;
}
```

（二）程序填空

2-5　求华氏温度100所对应的摄氏温度值。计算公式为：$c=\frac{5}{9}\times(f-32)$，其中c表示摄氏温度，f表示华氏温度。程序运行结果如图2-1所示。

```
#include <stdio.h>
int main()
{
    int c,f;
    f=100;
    c=___①___;
    printf("fahr=%d,Celsius=%d\n",f,c);
    return 0;
}
```

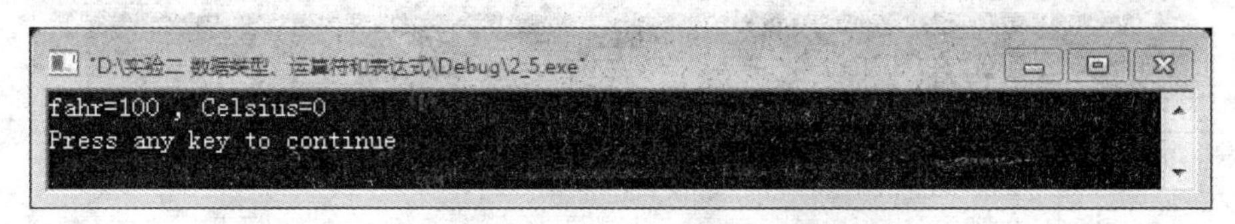

图2-1　程序运行结果

2-6　将大写字母A、B转换为小写字母a、b，并输出。程序运行结果如图2-2所示。

```
#include <stdio.h>
int  main()
{
     char ch1,ch2;
     ch1='A';
     ch2='B';
     ch1=__①__;
     ch2=__②__;
     printf("%c%c\n",ch1,ch2);
     return 0;
}
```

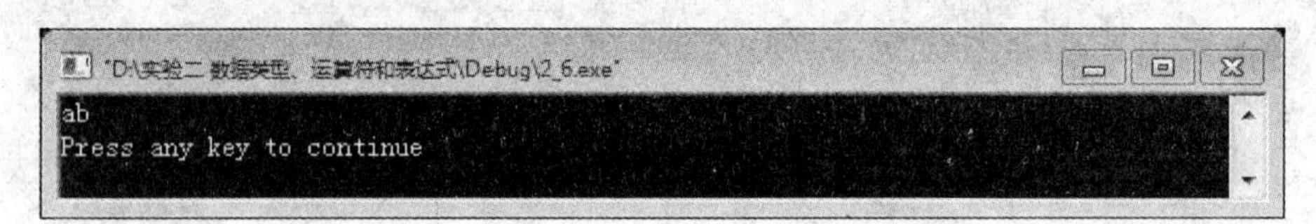

图 2-2　程序运行结果

（三）程序改错

2-7　计算并输出半径为 r=5.0 的圆的面积和周长。程序运行结果如图 2-3 所示。

```
#include  <stdio.h>
int  main()
{
     float  r;
     r=5.0;
     s=3.14rr;
     printf("%f\n",s);
     return 0;
}
```

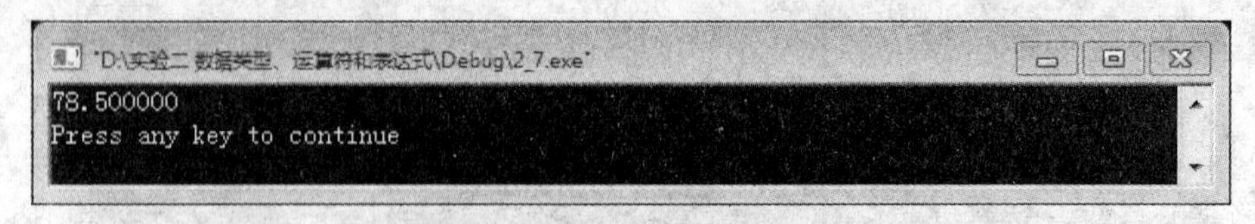

图 2-3　程序运行结果

2-8　输出整型变量 x 与 y 的值。程序运行结果如图 2-4 所示。

【算法提示】　连续赋值时，要避免变量未定义而先使用。

```
#include  <stdio.h>
int  main()
{
    int x=y=10;
    printf("%d,%d\n",x,y);
    return 0;
}
```

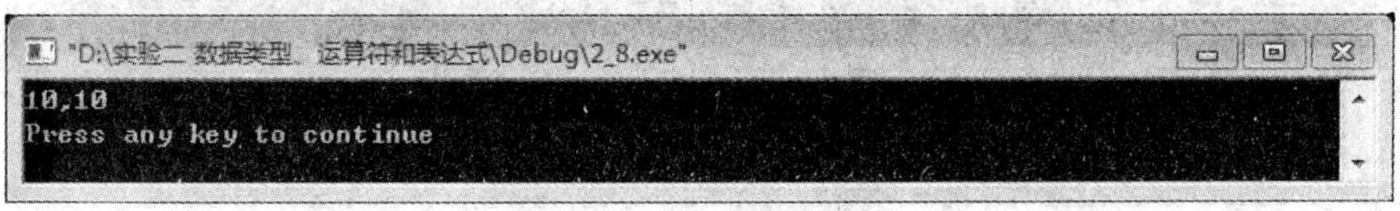

"D:\实验二 数据类型、运算符和表达式\Debug\2_8.exe"
10,10
Press any key to continue

图 2－4　程序运行结果

2－9　输出整型变量 x、y、m、n 的值。程序运行结果如图 2－5 所示。

```
#include  <stdio.h>
int  main()
{
    int x=3,y,m,n;
    x+=2+3;
    y=x+5%3;
    m=++x;
    n=y++;
    printf("%d,%d,%d,%d\n",x,y,m,n);
    return 0;
}
```

"D:\实验二 数据类型、运算符和表达式\Debug\2_9.exe"
9,11,9,10
Press any key to continue

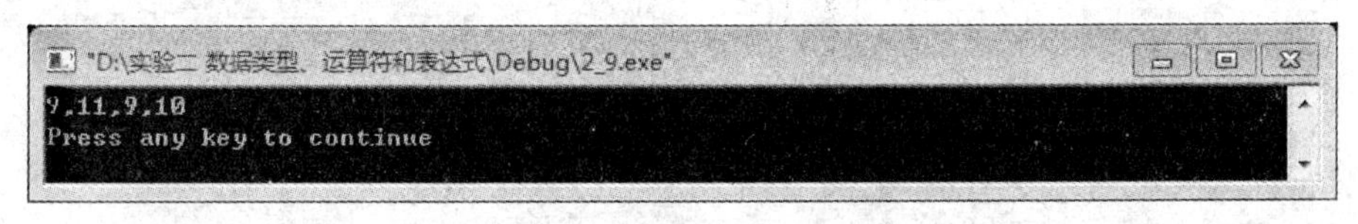

图 2－5　程序运行结果

（四）程序设计

2－10　计算并输出三个整数 a=5，b=7，c=4 的平均值。程序运行结果如图 2－6 所示。

【算法提示】　当“/”两边的操作数均为整数时，为取整运算。

"D:\实验二 数据类型、运算符和表达式\Debug\2_10.exe"
5.333333
Press any key to continue

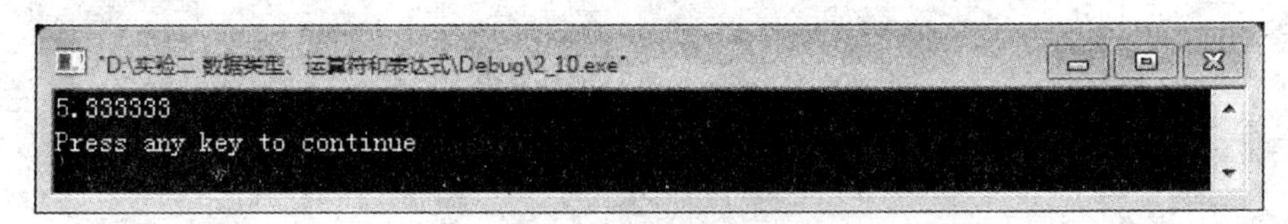

图 2－6　程序运行结果

2－11 编写程序，实现将两个两位数的正整数a、b合并形成一个整数放在c中。合并的方式是：将a数的十位和个位数依次放在c数的千位和十位上，b数的十位和个位数依次放在c数的百位和个位上。程序运行结果如图2－7所示。

例如，当a=45，b=12，调用该函数后c=4152。

【算法提示】 主要应用求余运算符"%"，除号运算符"/"。

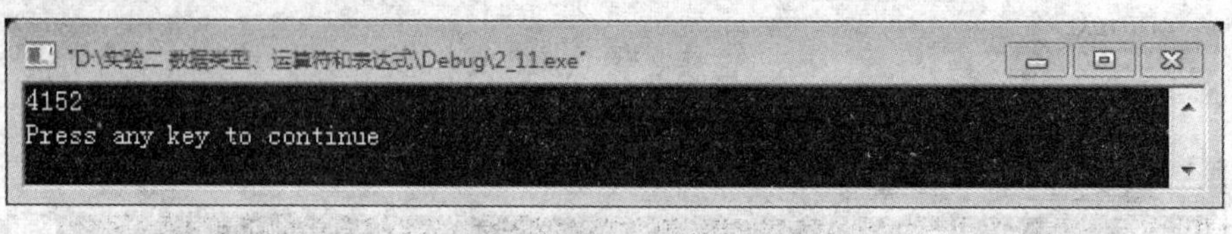

图2－7 程序运行结果

习 题

1. 编写程序，把560分钟转换成用小时和分钟表示，然后输出。程序运行结果，如图2－8所示。

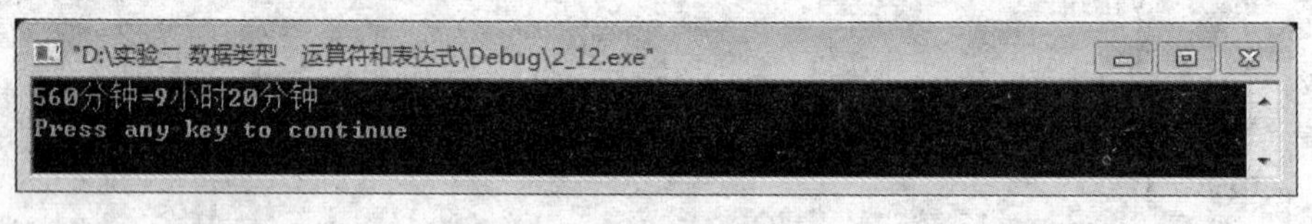

图2－8 程序运行结果

实验三 数据的输入和输出

一、实验目的和要求

1. 掌握数据的格式化输入/输出函数：scanf()与 printf()；
2. 掌握单个字符的输入/输出函数：getchar()与 putchar()；
3. 掌握结构化程序设计中的顺序结构程序设计思想。

二、实验内容

(一) 程序阅读，写出程序的运行结果

3-1 用正确的格式写出下面程序的运行结果________。

```
# include <stdio.h>
int main()
{
    int x=98,y=76;
    float m=123.4567f;
    double n=-89.012;
    char ch='A';
    putchar(x);
    putchar('\t');
    printf("%c\n",y);
    printf("%d%d\n",x,y);
    printf("%3d%3d\n",x,y);
    printf("%f,%f\n",m,n);
    printf("%-12f%-12f\n",m,n);
    printf("%8.2f,%8.2f\n",m,n);
    printf("%e,%10.2e\n",m,n);
    printf("%c,%c,%o,%x\n",ch,ch,ch,ch);
    printf("%s,%5.3s\n","COMPUTER","COMPUTER");
    return 0;
}
```

（二）程序填空

3-2 由键盘输入长方体的长、宽、高，计算长方体的体积。程序运行结果如图3-1所示。

【算法提示】 注意数据的格式化输入和输出函数的参数格式。

```
#include  <stdio.h>
int  main()
{
    float l,w,h,v;
    printf("请输入长、宽、高:");
    scanf("%f,%f,%f",___①___);
    v=___②___;
    printf("l=%.2f,w=%.2f,h=%.2f,v=%f\n",___③___);
    return 0;
}
```

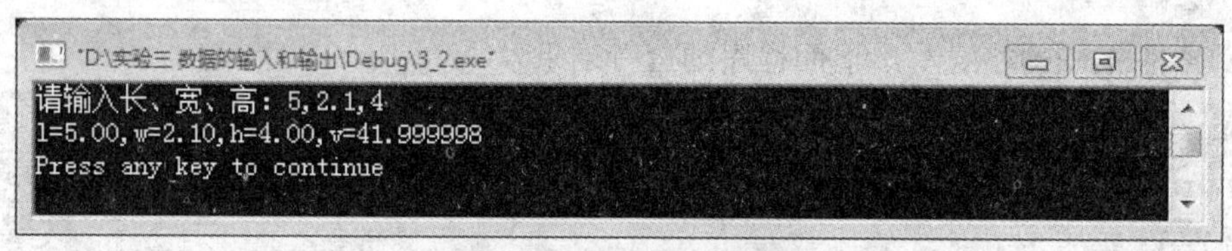

图3-1 程序运行结果

3-3 由键盘输入英文的小写字母，转换其对应的大写字母并输出。程序运行结果如图3-2所示。

【算法提示】 英文大小写字母的ASCII码值相差32。

```
#include  <stdio.h>
int  main()
{
    char  ch1;
    ch1=___①___;
    putchar (___②___);
    putchar('\n');
    return 0;
}
```

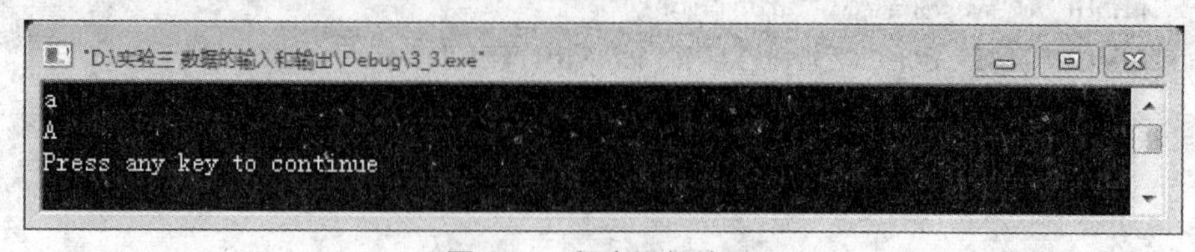

图3-2 程序运行结果

（三）程序改错

3-4 从键盘上任意输入 3 个整数，计算其平均值并输出。程序运行结果如图 3-3 所示。

```
# include   <stdio.h>
int mian()
{
    int a,b,c;
    float   aver;
    printf("请输入 3 个整数：\n");
    scanf("%d,%d,%d\n",a,b,C. ;
    aver=a+b+c/3;
    printf("平均值为：%d\n",aver);
    return 0;
}
```

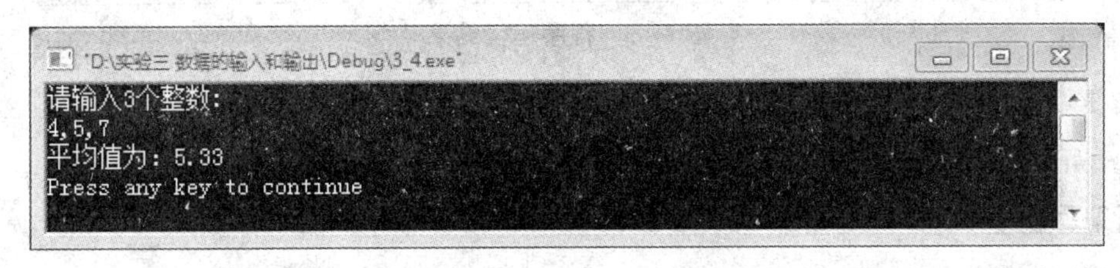

图 3-3 程序运行结果

3-5 计算长方体的表面积和体积并输出。要求：按照运行结果中指定格式输出。程序运行结果如图 3-4 所示。

```
int main()
{
    double a,b,c,s,v;
    printf(input a,b,c:\n);
    scanf("%d%d%d",a,b,C.;
    s=(a*b+a*c+b*c)*2;
    v=a*b*c;
    printf("%d%d%d",a,b,C.;
    printf("s=%f\n",s,"v=%d\n",v);
    return 0;
}
```

```
"D:\实验三 数据的输入和输出\Debug\3_5.exe"
input a,b,c:
2.2 4.3 5.2
2.20 4.30 5.20
s=86.5200
v=49.1920
Press any key to continue
```

图 3-4 程序运行结果

（四）程序设计

3-6 由键盘输入某个整数 x，计算 x 的平方 y，并以算术公式的形式分别输出 x 和 y 的值。程序运行结果如图 3-5 所示。

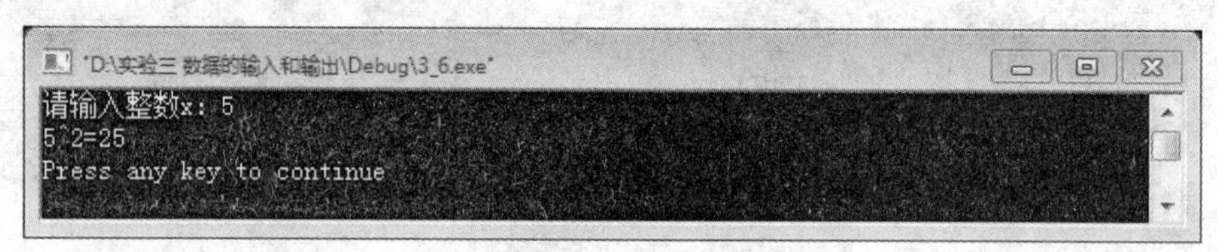

图 3-5 程序运行结果

3-7 用下面的 scanf 函数输入数据，程序运行结果如图 3-6 所示。

```
scanf("%5d%5d%c%c%f%f%*f,%f",&a,&b,&c1,&c2,&x,&y,&z)
```

请编写程序，在屏幕上输出 a=10,b=20,c1='A',c2='a',x=1.5,y=-3.75,z=67.8。

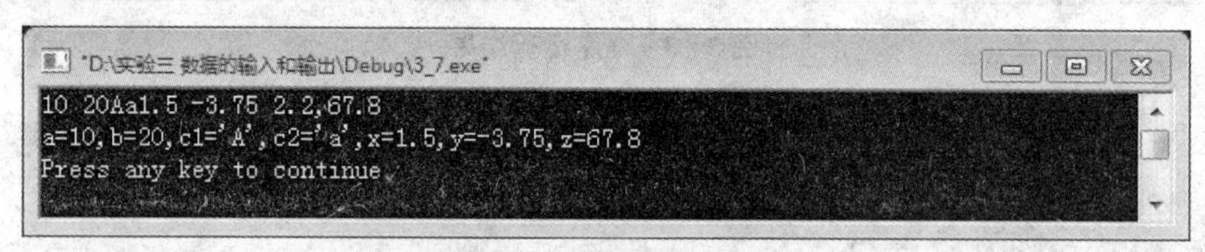

图 3-6 程序运行结果

习 题

1. 输入任意两个整数，实现+、-、*、/、%运算，并输出如图 3-7 所示的算式和运算结果。

```
"D:\实验三 数据的输入和输出\Debug\3_8.exe"
请输入两个操作数x和y:
9 5
9+5=14
9-5=4
9*5=45
9/5=1.800000
9%5=4
Press any key to continue
```

图 3-7 程序运行结果

实验四 选择结构程序设计

一、实验目的和要求

1. 了解C语言中对于逻辑值的表示方法，掌握整数值与逻辑值的相互转换关系；
2. 掌握关系运算和逻辑运算；
3. 熟练掌握if语句，使用其实现单分支、双分支和多分支结构；
4. 掌握switch语句。

二、实验内容

（一）阅读程序，写出运行结果

4-1 运行以下程序后，输出的结果是________。

【算法提示】 逻辑值与整数值的转换关系是：逻辑值→整数值，真值1，假值0；整数值→逻辑值：非零整数看成真，零看成假。以a>b>c为例，a>b结果为真，可以看成整数1，所以原表达式可以看成1>c，根据变量c的取值，其结果为假。

```
#include <stdio.h>
int main()
{
    int a=5,b=4,c=3,d=2;
    if(a>b>c)
        printf("%d\n",d);
    else if((c-1)>=d==1)
        printf("%d\n",d+1);
    else
        printf("%d\n",d+2);
    return 0;
}
```

【思考】 根据各个关系运算符与逻辑运算符的优先级与结合性，掌握复杂逻辑关系表达式的运算方法。

4-2 输入以下程序，程序运行后输出的结果是________。

```
#include <stdio.h>
int main()
```

```
{       int i=1,j=1,k=2;
        if((j++||k++) &&i++)
            printf("%d,%d,%d",i,j,k);
        return 0;
}
```

【算法提示】 C语言中的逻辑或运算(||)、逻辑与运算(&&)都是短路运算,即如果运算符左侧表达式取值足以得到该逻辑运算最终结果,则其右侧表达式不参与运算。

(二) 程序填空

4-3 从键盘输入一个正整数,判断其是否能被3和5整除,能整除则输出YES,否则输出NO。程序运行结果如图4-1和图4-2所示。

【算法提示】 是否能整除根据通过取余运算(%)的结果是否为0判断,要同时被两个整数整除则可通过逻辑与运算实现。

```
#include  <stdio.h>
int main()
{
    int n;
    printf("请输入正整数 n:");
    scanf("%d",&n);
    if(___①___)                    //判断n能否被3和5整除
        printf("n=%d YES\n",n);
    else
        printf(___②___);           //参考以上输出格式填写
    return 0;
}
```

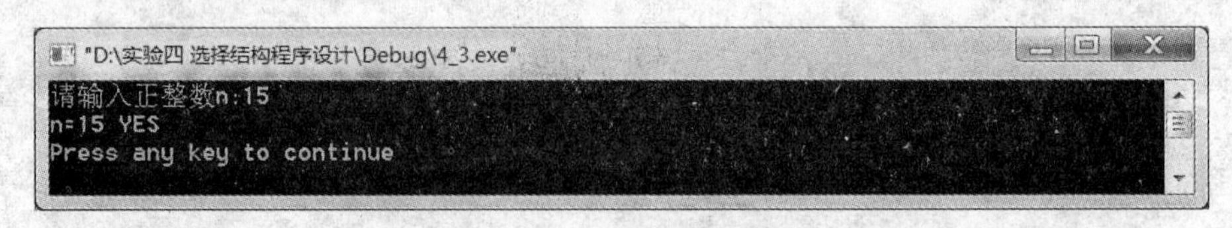

图4-1 程序运行结果(输入正整数为15)

图4-2 程序运行结果(输入正整数为20)

【思考】 判断两个值是否相等?大部分情况可以使用关系运算符"==",而在书写代码时经常会误写成赋值运算符"="。例如,a==3,原本是根据a的取值,判断和3是否相等。如果误写成 a=3，则变成把 3 赋值给 a，由之前的章节我们知道赋值表达式本身的取值是赋值号右侧表达式的值，所以 a=3 整个表达式的取值是 3，非零整数可以看成逻辑真。由此可以看出 a==3 和 a=3 一字之差，但含义完全不同。

4－4　用 switch 语句编写简单的四则运算程序，要求除法时判断除数是否合理。程序执行结果如图 4－3 和图 4－4 所示。

【算法提示】　根据用户输入的运算符来确定要进行什么运算（"+""-""*""/"），如果是除号的话，再判断除数是否合理。

```
# include  <stdio.h>
int main()
{
    int a,b;     //a 被除数，b 除数
    char  op;  //运算符号
    printf("请输入一个四则运算表达式：");
    scanf("%d%c%d",__①__);  //输入的内容分别保存到 a,op,b 中
    switch(op)
    {
        case __②__:  //op 可能存储的常数值
            printf("=%d\n",a+b);
            break;
        case __③__:  //op 可能存储的常数值
            printf("=%d\n",a-b);
            break;
        case __④__:  //op 可能存储的常数值
            printf("=%d\n",a*b);
            break;
        case __⑤__:  //op 可能存储的常数值
            if(__⑥__)  //除数会有什么例外呢？
            {
                printf("输入运算数值不合理！\n");
                break;
            }
            else
            {    printf("=%2f\n",(float)a/b);
                 break;
            }
        default:
            printf("本程序只能进行四则运算。\n");
    }
```

```
    return 0;
}
```

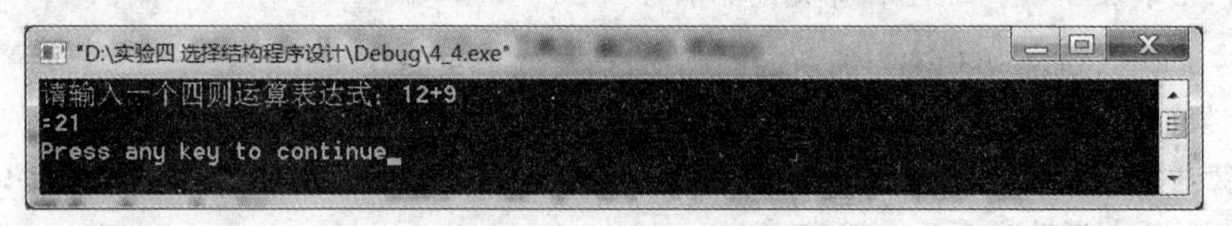

图 4-3　程序运行结果(12+9)

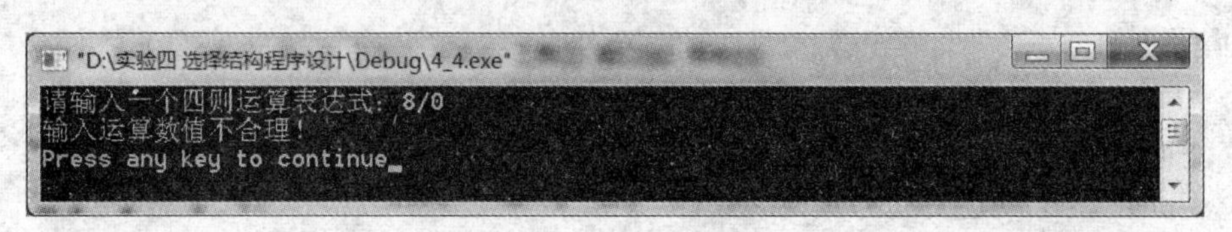

图 4-4　程序运行结果(8/0)

【思考】　switch 语句和 if 语句相结合实现复杂情况的判断，只需嵌套合理即可。

4-5　生成并输出如下形式的矩阵。

```
1 2 2 2 2 2 1
3 1 2 2 2 1 4
3 3 1 2 1 4 4
3 3 3 1 4 4 4
3 3 1 5 1 4 4
3 1 5 5 5 1 4
1 5 5 5 5 5 1
```

【算法提示】　通过数组进行矩阵内容的存储，数组的相关内容将在后续章节介绍。目前只需知道数组每行每列上的元素都有下标，行标列标从 0 开始，找出数字内容和行标、列标之间的规律，并设计出相应的逻辑表达式。矩阵内容对应的行列标如下所示：

0,0	0,1	0,2	0,3	0,4	0,5	0,6
1,0	1,1	1,2	1,3	1,4	1,5	1,6
2,0	2,1	2,2	2,3	2,4	2,5	2,6
3,0	3,1	3,2	3,3	3,4	3,5	3,6
4,0	4,1	4,2	4,3	4,4	4,5	4,6
5,0	5,1	5,2	5,3	5,4	5,5	5,6
6,0	6,1	6,2	6,3	6,4	6,5	6,6

```
#include <stdio.h>
int main()
{
```

```
        int a[7][7];                 //设计 7 行 7 列的数组 a
        int i,j;
        for (i=0;i<7;i++)            //i 表示行标,从 0 至 6 循环
            for (j=0;j<7;j++)        //j 表示列标,从 0 至 6 循环
            {
                if (i==j||i+j==6) a[i][j]=1;          //主副对角线上行列标满足的条件
                else if (  ①  ) a[i][j]=2;          //主对角线上侧、副对角线上侧
                else if (  ②  ) a[i][j]=3;          //主对角线下侧、副对角线上侧
                else if (  ③  ) a[i][j]=4;          //主对角线上侧、副对角线下侧
                else a[i][j]=5;
            }
        for (i=0;i<7;i++)
        {
            for (j=0;j<7;j++)
                printf("%4d",a[i][j]);
            printf("\n");
        }
        return 0;
    }
```

程序运行结果如图 4－5 所示。

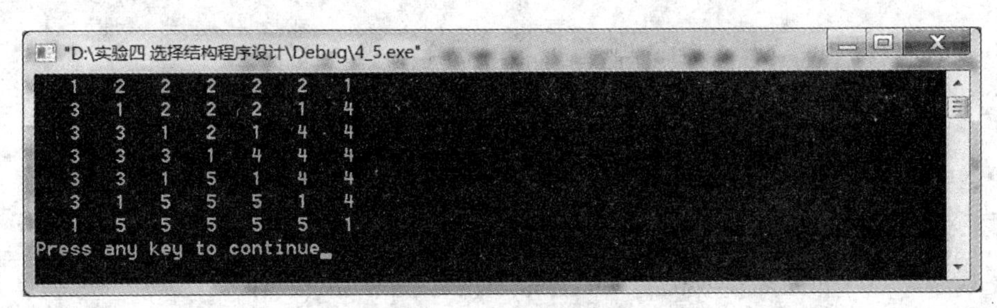

图 4－5　程序运行结果

（三）程序改错

4－6　从键盘输入参数 a,b,c,求方程 $ax^2+bx+c=0$ 的根。程序运行结果如图 4－6 所示。

【算法提示】　根据参数 a、b、c 的取值情况,方程可能是一次方程(a=0)或二次方程。如是二次方程,则分为实根、虚根两种情况。错误提示:运算符的正确使用;标准函数的正确使用;算术运算中数据类型的转换。

```
#include  <stdio.h>
int main()
{
    int a,b,c,d;
```

```
    printf("输入一元二次方程 a=,b=,c=\n");
    scanf("a=%d,b=%d,c=%d",&a,&b,&c);
    d=b*b-4*a*c;
    if(a==0)
    {
        if(b=0)
        {
            if(c==0)
                printf("0==0 参数对方程无意义!");
            else
                printf("c!=0 方程不成立");
        }
        else
        {
            printf("x=%0.2f\n",-c/b);
        }
    }
    else
    {
        if(d>=0)
        {
            printf("x1=%0.2f\n",(-b+sqrt(d))/(2*a));
            printf("x2=%0.2f\n",(-b-sqrt(d))/(2*a));
        }
        else
        {
            printf("x1=%0.2f+%0.2fi\n",-b/(2*a),sqrt(-d))/(2*a);
            printf("x2=%0.2f-%0.2fi\n",-b/(2*a),sqrt(-d))/(2*a);
        }
    }
    return 0;
}
```

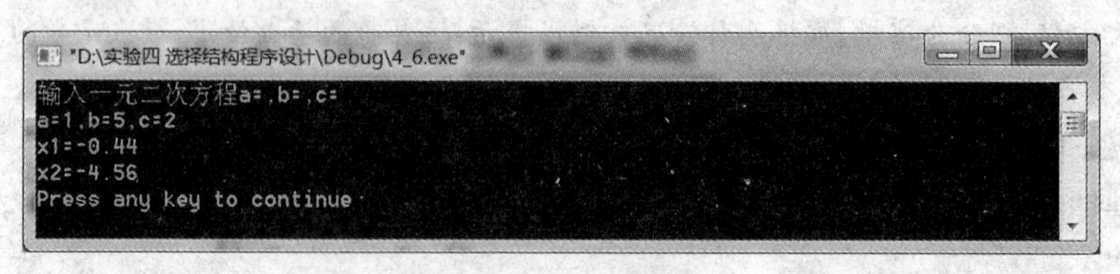

图 4-6　程序运行结果

（四）程序设计

4-7　编写程序：输入三角形的三条边长，求其面积。程序运行结果如图4-7和图4-8所示。注意：对于不合理的边长输入，应有输出数据错误的提示信息。

【算法提示】　三角形的三条边长要满足的关系：任意两边之和大于第三边。

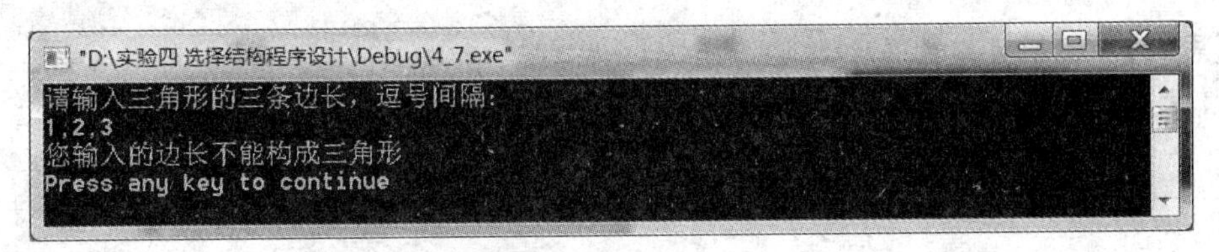

图4-7　程序运行结果

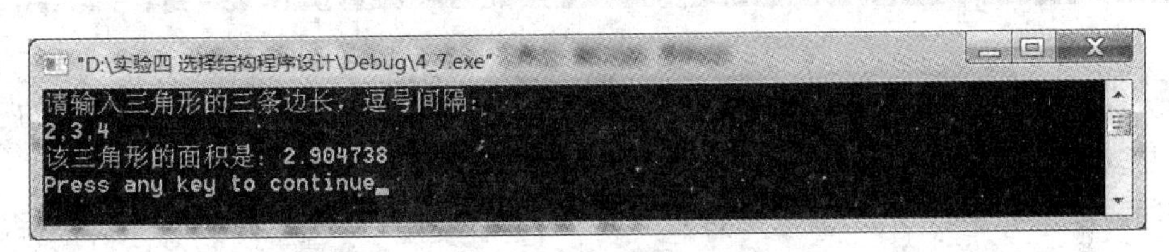

图4-8　程序运行结果

4-8　编写程序：输入任意三个数a，b，c，输出其中值最大的一个数。程序运行结果如图4-9所示。

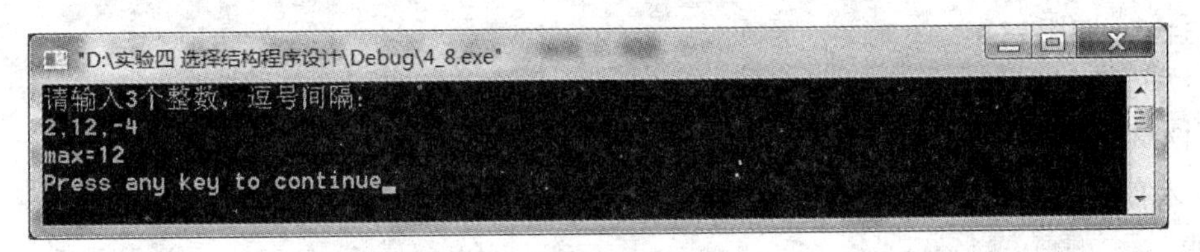

图4-9　程序运行结果

【算法提示】　可以再设计一个变量max，先把a存储到max中，再依次将b和c与max比较，如果比max大，则更新max的值。

【思考】　根据要求的运行结果，在输入数值时，3个数值需用英文逗号间隔，那么在设计scanf语句的格式控制字符串时，相应的格式控制字符之间要用英文逗号间隔。

4-9　编写程序：从键盘上输入任意实数x，求出其所对应的函数值。程序运行结果如图4-10所示。

z=(x-4)的平方根　(x>4)
z=x的八次幂　(x>-4)
z=4/(x*(x+1))　(x>-10)
z=|x|+20　(其他)

【算法提示】　通过scanf函数设计从键盘输入x的数值，然后用if语句设计多分支结构，实现分段函数的求解。

图 4-10 程序运行结果

【思考】 该题目用到多个数学函数，如平方根(sqrt)、八次幂(pow)、绝对值(abs)等，相应的数学函数头文件的引入必不可少。

习 题

1. 输入一个字符，先判断其是否为小写字母，若是小写字母，则将其转换成大写字母；如果不是，则不转换，并输出所得到字符。
2. 编写程序：判断输入的正整数是否是既是 5 又是 7 的整倍数。若是，输出 yes，否则输出 no。
3. 已知银行整存整取存款不同期限的月息利率分别为：

   0.315%，期限一年；

   0.330%，期限二年；

   0.345%，期限三年；

   0.375%，期限五年；

   0.420%，期限八年。

   输入存钱的本金和期限，输出到期时能从银行得到的利息与本金的合计。

实验五 循环结构程序设计（一）

一、实验目的和要求

1. 掌握 for 语句、while 语句、do-while 语句的执行流程；
2. 掌握基本累加算法；
3. 掌握基本累乘算法；
4. 掌握素数判断算法；
5. 灵活运用基本累加、累乘算法，并编写多项式求值的代码程序；
6. 灵活运用素数判断算法，并编写与之相关的代码程序；
7. 掌握分离三位数的个位、十位、百位的方法。

二、实验内容

（一）程序阅读，写出程序的运行结果

5-1 计算 1+2+3+4+…+99+100 的值。以下程序的运行结果是________。

```
#include <stdio.h>
int main()
{
    int i,sum;
    sum=0;              //存放累加和的变量 sum 清零
    for(i=1;i<=100;i++)
    {
        sum=sum+i;    //循环累加 i 的值
    }
    printf("sum=%d\n",sum);
    return 0;
}
```

5-2 计算 10!。其程序的运行结果是________。

```
#include <stdio.h>
int main()
{
    int i;
```

```
        double  p=1;   //存放累乘积的变量p,其初值设为1
        for(i=1;i<=10;i++)
        {
            p=p*i;   //循环累乘i的值
        }
        printf("10!=%lf\n",p);
        return 0;
    }
```

5-3 从键盘输入一个正整数m,判断m是否为素数,并输出。程序的运行结果是________。

```
    #include <stdio.h>
    int main()
    {
        int m;          //m为要从键盘输入的正整数
        int i;          //i为循环控制变量
        int yes=1;      //定义标志变量yes,为0时标志非素数,为1时标志素数
        printf("输入一个大于1的正数");
        scanf("%d",&m);
        for(i=2;i<=m-1;i++)
        {
            if(m%i==0)
            {
                yes=0;
                break;
            }
        }
        if(yes)
            printf("%d是素数!\n",m);
        else
            printf("%d不是素数!\n",m);
        return 0;
    }
```

(二)程序填空

5-4 计算1+3+5+7+…+99+101的值,请在横线处补充完整的代码。程序运行结果如图5-1所示。

```
    #include <stdio.h>
    int main()
```

```
{
    int i,sum=0;
    for(i=1;___①___;___②___)
    {
        sum+=i;
    }
    printf("1+3+5+…+101=%d\n",sum);
    return 0;
}
```

```
"D:\实验五 循环结构程序设计(一)\Debug\5_4.exe"
1 + 3 + 5 + ... + 101 = 2601
Press any key to continue
```

图 5-1　程序运行结果

5-5　计算 1×2×3+3×4×5+…+99×100×101 的值，请在横线处补充完整的代码。程序运行结果如图 5-2 所示。

```
#include <stdio.h>
int main()
{
    long i;
    long term,sum=0;
    for(i=1;___①___;___②___)
    {
        term=___③___;
        sum=sum+term;
    }
    printf("1*2*3+3*4*5+…+99*100*101=%ld\n",sum);
    return 0;
}
```

```
"D:\实验五 循环结构程序设计(一)\Debug\5_5.exe"
1*2*3 + 3*4*5 + ... + 99*100*101 = 13002450
Press any key to continue
```

图 5-2　程序运行结果

5-6　利用$\frac{\pi}{4}=1-\frac{1}{3}+\frac{1}{5}-\frac{1}{7}+\cdots$编程计算 π 的近似值，直到最后一项的绝对值小于 10^{-6} 时为止。请在横线处补充完整的代码。程序运行结果如图 5-3 所示。

```
#include <stdio.h>
#include <math.h>
int main()
{
    int n=1;
    float term=1.0,sign=1,sum=0;
    while(___①___)
    {
        term=sign/n;
        sum=sum+term;
        ___②___;
        n=n+2;
    }
    sum=sum* 4;
    printf("pi=%f\n",sum);
    return 0;
}
```

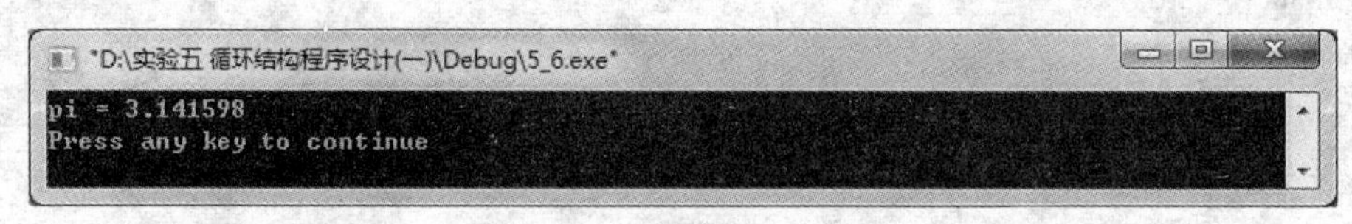

图 5-3　程序运行结果

5-7　以下程序功能：从键盘输入若干个学生的成绩。当输入成绩为负数时，结束输入。要求计算最高分与最低分并分别输出。请在横线处将程序代码补充完整。程序运行结果如图 5-4 所示。

```
#include <stdio.h>
int main()
{
    float x,cmax,cmin;
    printf("请输入一个学生成绩：");
    scanf("%f",&x);
    cmax=x;
    cmin=x;
    while(___①___)
    {
        if(x>cmax)
            cmax=x;
        if(x<cmin)
```

```
            ___②___;
        printf("请输入一个学生成绩:");
        scanf("%f",&x);
    }
    printf("\ncmax=%f\ncmin=%f\n",cmax,cmin);
    return 0;
}
```

```
"D:\实验五 循环结构程序设计(一)\Debug\5_7.exe"
请输入一个学生成绩: 98
请输入一个学生成绩: 89
请输入一个学生成绩: 77
请输入一个学生成绩: 90
请输入一个学生成绩: 65
请输入一个学生成绩: -2

cmax = 98.000000
cmin = 65.000000
Press any key to continue
```

图 5-4　程序运行结果

5-8　输出所有的水仙花数。所谓的"水仙花数"是一个 3 位数,其各位数字立方和等于该数本身。如 $153=1^3+5^3+3^3$。请在横线处将程序代码补充完整。程序运行结果如 图 5-5 所示。

```
#include <stdio.h>
int main()
{
    int i,j,k,n;
    printf("水仙花数是:\n");
    for(n=100;n<1000;n++)
    {
        i= ___①___;  //百位
        j= ___②___;  //十位
        k= ___③___;  //个位
        if(n==i*i*i+j*j*j+k*k*k)
            printf("%d\t",n);
    }
    printf("\n");
    return 0;
}
```

```
"D:\实验五 循环结构程序设计(一)\Debug\5_8.exe"
水仙花数是:
153     370     371     407
Press any key to continue
```

图 5-5　程序运行结果

（三）程序改错

5-9　下列程序的功能是：根据输入的整数 m，计算公式 $y=1+\frac{1}{2\times 2}+\frac{1}{3\times 3}+\cdots+\frac{1}{m\times m}$ 的值。如果 m=5，则应输出 1.463611，如图 5-6 所示。请修改程序中的错误，使其能得出正确的结果。

```
#include <stdio.h>
int main()
{
    int n=5;
    double  y=1.0;
    for(i=2;i<m;i++)
        y+=1/(i*i);
    printf("The result is %lf\n",y);
    return 0;
}
```

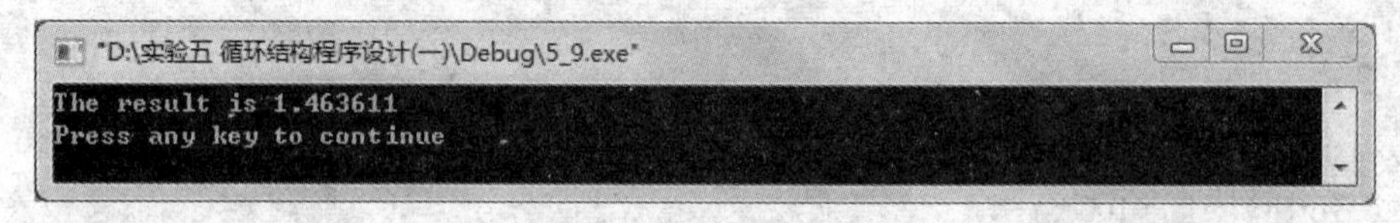

图 5-6　程序运行结果

5-10　求出分数序列 $\frac{2}{1},\frac{3}{2},\frac{5}{3},\frac{8}{5},\frac{13}{8},\frac{21}{13},\cdots$ 的前 n 项之和，若 n=5，则和为 8.391667，如图 5-7 所示。请修改程序中的错误，使其得出正确的结果。

```
#include <stdio.h>
int main()
{
    int n=5;
    int a,b,c,k;
    double s;
    a=2;
    b=1;
```

```
    for (k=1,k<=n,k++)
    {
        s=s+(Double)a/b;)
        c=a;
        a=a+b;
        b=c;
    }
    printf("sum=%lf\n",s);
    return 0;
}
```

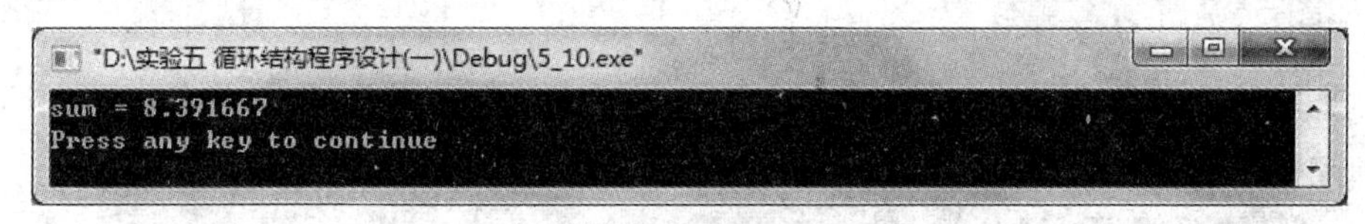

图 5-7　程序运行结果

5-11　改进素数判断算法，用 2~$\sqrt{m}$之间的数，逐一试除。请修改程序中的错误，使其得出正确的结果。

```
#include <stdio.h>
#include <math.h>
int main()
{
    int m;                  //m 为要从键盘输入的正整数
    int i;                  //i 为循环控制变量
    int k;                  //k 存放 m 的平方根
    printf("请输入一个正整数 m:");
    scanf("%d",&m);
    k=sqrt(m);
    for(i=2;i<k;i++)
    {
        if(m%i=0)
            break;
    }
    if(i>k)
        printf("%d 是素数!\n",m);
    else
        printf("%d 不是素数!\n",m);
    return 0;
}
```

（四）程序设计

5－12 编程计算 1+12+123+12345 的值。其程序运行结果如图 5－8 所示。

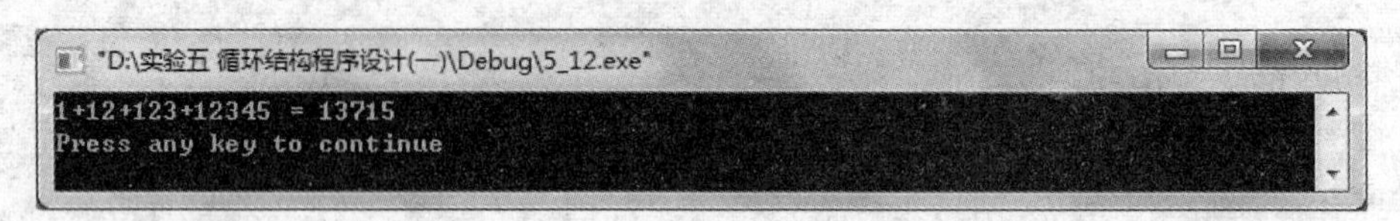

图 5－8 程序运行结果

5－13 计算 $1-\frac{1}{2}+\frac{1}{3}-\frac{1}{4}+\cdots+\frac{1}{99}-\frac{1}{100}+\cdots$，直到最后一项的绝对值小于 10^{-4} 为止，程序运行结果如图 5－9 所示。

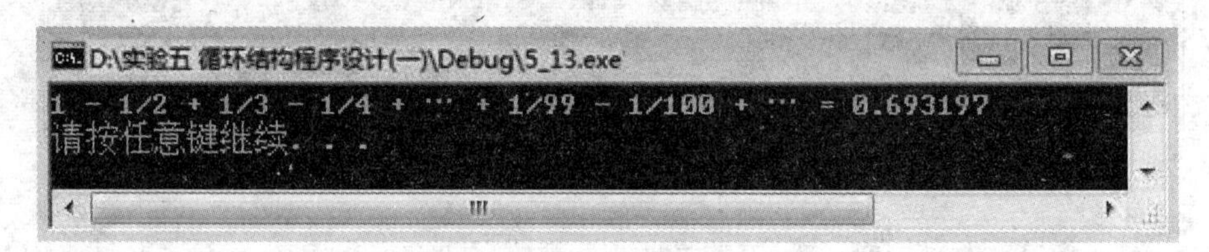

图 5－9 程序运行结果

5－14 改进素数判断算法，用 $2\sim\frac{m}{2}$ 之间的数逐一试除。

5－15 从键盘输入一批整数，当输入 0 时结束数据输入。先求出其中的偶数之和存放到变量 evensum 中，再求出其中的奇数之和存放到变量 oddsum 中，最后输出偶数和与奇数和之差。程序运行结果如图 5－10 所示。

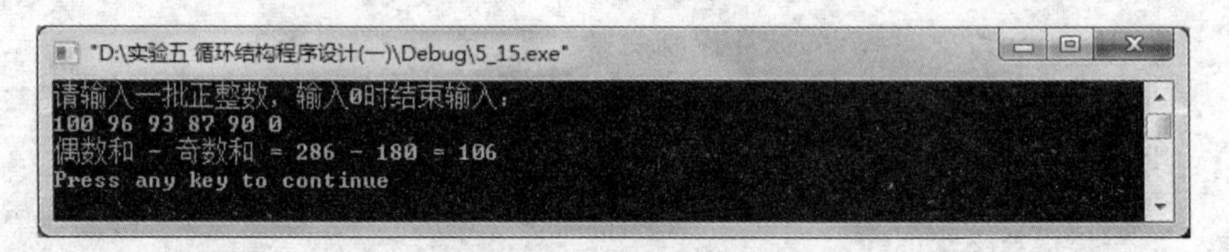

图 5－10 程序运行结果

习 题

1. 计算并输出 n(包括 n)以内所有能被 3 或 7 整除的自然数的倒数之和。例如，若 n=20,则 S=0.583333(注意：n 的值不大于 100)。

2. 计算级数 $S_N=\frac{2}{1}+\frac{3}{2}+\frac{4}{3}+\cdots+\frac{N+1}{N}$ 的前 N 项和 S_N，直到 S_{N+1} 的值大于 q 为止，q 的值从键盘输入。例如，若 q 的值为 50.0，则 S_N 应为 49.394948。

实验六 循环结构程序设计（二）

一、实验目的和要求

1. 理解 for 语句、while 语句、do-while 语句的执行流程；
2. 掌握循环嵌套的执行流程；
3. 掌握统计算法；
4. 掌握分解各位求新数的基本算法及其相关延伸算法；
5. 掌握求最大公约数、最小公倍数的算法；
6. 掌握求 Fibonacci 数列的算法。

二、实验内容

（一）程序阅读，写出程序的运行结果

6-1 求 m 和 n 的最大公约数。如果 m=153，n=24，则最大公约数为 3。写出程序的运行结果________。

```
#include <stdio.h>
int main()
{
    int n,m,r;
    printf("输入 2 个整数 m 和 n：");
    scanf("%d%d",&m,&n);
    printf("%d 与%d 的最大公约数为：",m,n);
    if (m<n)
    {
        r=m;
        m=n;
        n=r;
    }
    r=m%n;
    while(r!=0)
    {
        m=n;
        n=r;
```

```
        r=m%n;
    }
    printf("%d\n",n);
    return 0;
}
```

（二）程序填空

6-2 请在横线处补充相应程序代码，输出如图6-1所示的结果。

```
#include  <stdio.h>
int  main()
{
    int i,j;
    printf("本程序输出5行* 组成的三角形图案\n");
    for (i=1;___①___;i++)          //控制输出的行数
    {
        for (j=1;___②___;j++)   //控制每行输出的* 个数
        {
            putchar('* ');
        }
        putchar('\n');
    }
    return 0;
}
```

图6-1 程序运行结果

6-3 百钱买百鸡。用100元买100只鸡，公鸡每只5元，母鸡每只3元，小鸡1元3只，可以有多少种买法？请在横线处将程序代码补充完整。程序运行结果如图6-2所示。

```
#include <stdio.h>
int main()
{
    int i,j,k;
    printf("公鸡\t母鸡\t小鸡\n");
```

```
    for(i=1;__①__;i++)  //i代表公鸡数,100元最多能买20只
    {
        for(j=1;__②__;j++)  //j代表母鸡数,100元最多能买33只
        {
            k=__③__;        //k代表小鸡数
            if((k%3==0) && (i*5+j*3+k/3==100))
                printf("%d\t%d\t%d\n",i,j,k);
        }
    }
    return 0;
}
```

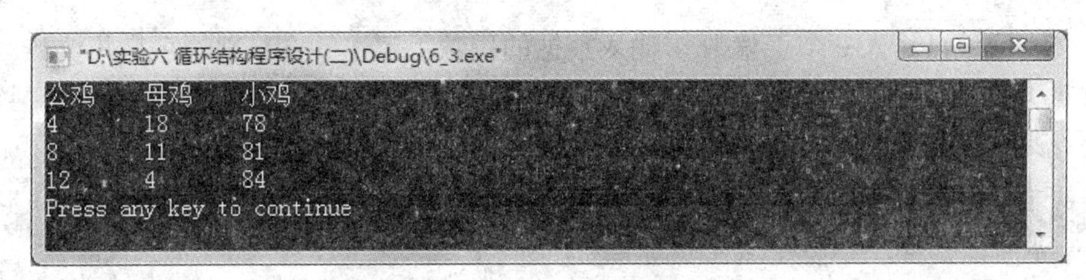

图6-2　程序运行结果

6-4　求2~200之间的所有素数并输出。请在横线处将程序代码补充完整。程序运行结果如图6-3所示。

```
#include <stdio.h>
int main()
{
    int n,i,yes;
    for(n=2;n<=200;n++)
    {
        yes=1;
        for(i=2;__①__;i++)
        {
            if(__②__)
            {
                yes=0;
                break;
            }
        }
        if(__③__)      //如果标志变量yes非0
        {
            printf("%d\t",n);
```

```
        }
    }
    return 0;
}
```

```
"D:\实验六 循环结构程序设计(二)\Debug\6_4.exe"
2       3       5       7       11      13      17      19      23      29
31      37      41      43      47      53      59      61      67      71
73      79      83      89      97      101     103     107     109     113
127     131     137     139     149     151     157     163     167     173
179     181     191     193     197     199
Press any key to continue
```

图 6-3　程序运行结果

6-5　从键盘输入一个正整数 n(输入数据的位数不超过 5 位),判断它是几位数。若输入的数据为 123,则输出结果为:输入的数字是 3 位。请在横线处将程序代码补充完整。程序运行结果如图 6-4 所示。

```
#include <stdio.h>
int main()
{
    int n,bits=0;
    do{
        printf("请输入一个 4 位以内的正整数:      ");
        scanf("%d",&n);
    }while (n<0||n>9999);
    while(n)       //判断是否为 0
    {
        ___①___;  //分离出末位数字
        ___②___;  //计数器加 1
    }
    printf("输入的数字是%d 位\n",bits);
    return 0;
}
```

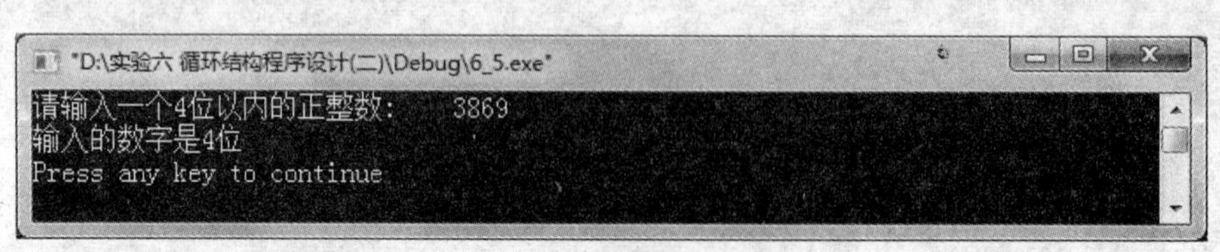

图 6-4　程序运行结果

6-6　求 Fibonacci 数列的前 40 项,每行输出 5 个数。请在横线处将程序代码补充完整。程序运行结果如图 6-5 所示。

```
#include <stdio.h>
int main()
{
    long int  f1,f2,f3;
    int count;      //计数器
    int i;          //循环控制变量
    f1=f2=1;
    count=2;        //计数器初始值为 2
    printf("%12d%12d",f1,f2);
    for (i=3;i<=40;i++)
    {
        if (count%5==0)
            printf("\n");
        f3=f1+f2;
        printf("%12d",f3);
        ___①___;
        ___②___;
       ++count;
    }
    printf("\n");
    return 0;
}
```

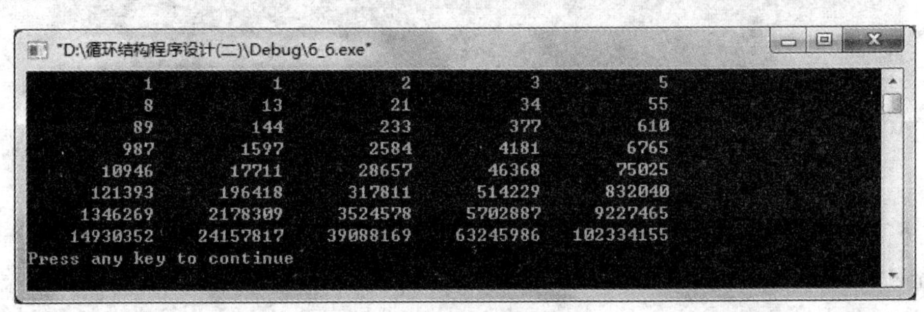

图 6-5　程序运行结果

(三) 程序改错

6-7　输入一行字符,并以输入字符为回车符时结束输入。分别统计其中的英文字母、空格、数字和其他字符的个数。请修改程序中的错误,使其输出如图 6-6 所示的结果。

```
#include <stdio.h>
int main()
{
    char c;
```

```
    int letters=0,space=0,digit=0,other=0;
    printf("请输入一行字符:\n");
    while((c=getchar())  !=  '\n');
    {
        if(c>='a'||c<='z'||c>='A'||c<='Z')  //如果 c 是大写或小写字符
            letters++;
        else
            if(c=' ')  //如果 c 等于空格字符
                space++;
            else
                if(c>=0 && c<=9)      //如果 c 是数字字符
                    digit++;
                else
                    other++;
    }
    printf("字母数:%d\n 空格数:%d\n 数字数:%d\n 其他字符数:%d\n",letters,
space,digit,other);
    }
    return 0;
}
```

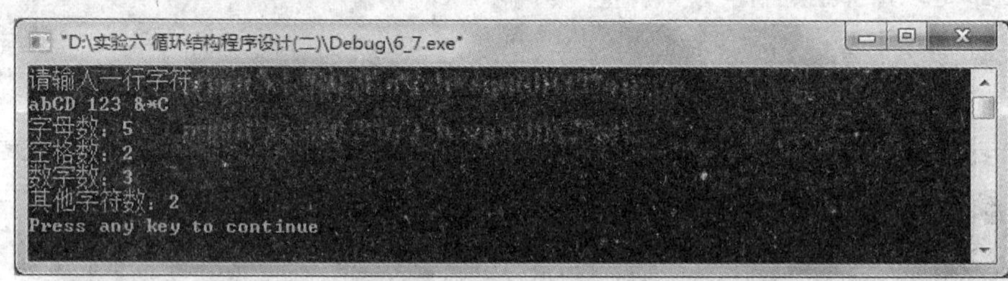

图 6-6 程序运行结果

6-8 改正程序中的错误,使其运行后输出结果如图 6-7 所示。

```
#include <stdio.h>
int main()
{
    int i,j;
    printf("本程序输出三行三列数据:\n");
    for(i=1;i<=3;i++)
        for(j=1;j<=3;j++)
            printf("%d",i*j);
        printf("\n");
    return 0;
}
```

```
"D:\实验六 循环结构程序设计(二)\Debug\6_8.exe"
本程序输出三行三列数据：
1  2  3
2  4  6
3  6  9
Press any key to continue
```

图 6-7　程序运行结果

6-9　以下程序段是:计算正整数 num 各位上的数字之积。例如,若输入 252,则输出应该是 20;若输入 202,则输入应该是 0。请修改程序中的错误,使其能得出如图 6-8 所示的结果。

```
#include <stdio.h>
int main()
{
    long  num,p,t;
    p=0;                //变量 p 存放累乘积
    printf("请输入一个正整数:");
    scanf("%ld",&num);
    do
    {
        t=num%10;   //分离出数 num 的最低位
        p=p*t;   //累乘分离出的最低位
        num\ =10;   //去掉分离出的最低位,得到新数
    } while(num);
    printf("%ld 的各位数字之积为:%ld\n",num,p);
    return 0;
}
```

```
"D:\实验六 循环结构程序设计(二)\Debug\6_9.exe"
请输入一个正整数:252
各位数字之积为: 20
Press any key to continue
```

图 6-8　程序运行结果

（四）程序设计

6-10　求某数 t 的逆序数。假如 t 为 321,则 t 的逆序数为 123。程序运行结果如图 6-9 所示。

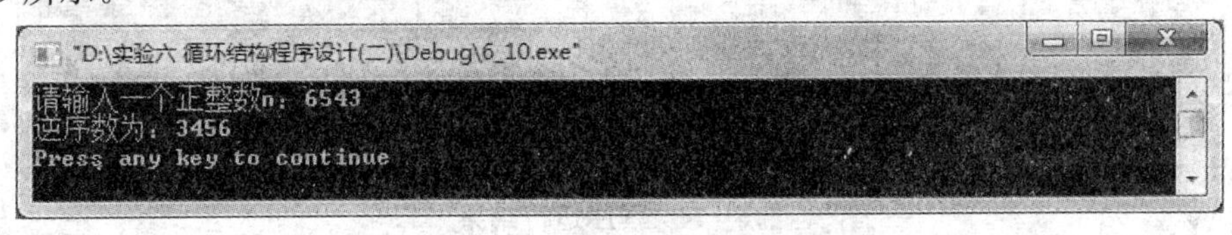

图 6-9　程序运行结果

6-11 编写程序:取出 87653142 各位为偶数的数,并按原数中从高到低的顺序组成新的数 8642。程序运行结果如图 6-10 所示。

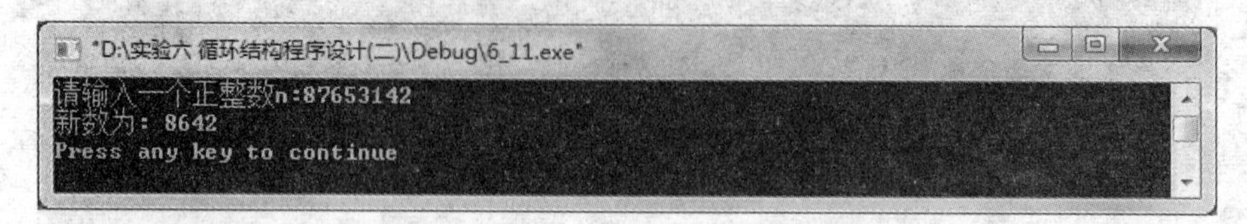

图 6-10 程序运行结果

6-12 编写程序:取出 87653142 各位为奇数的数,并按原数中从高到低的顺序组成新的数 7531。程序运行结果如图 6-11 所示。

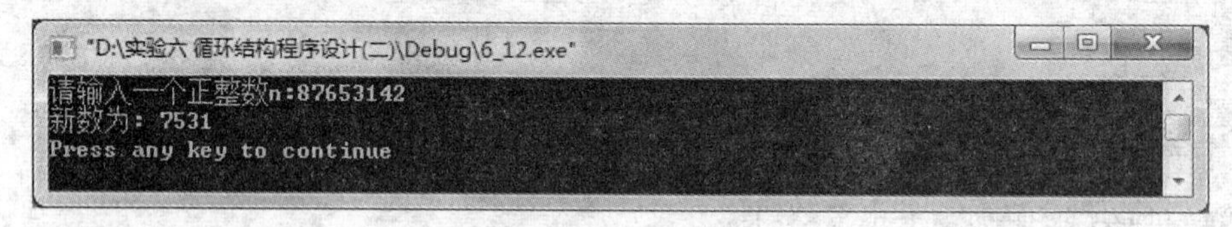

图 6-11 程序运行结果

6-13 编写程序:取出 27638496 各位为偶数的数,并按原数中从低到高的顺序组成新的数 64862。程序运行结果如图 6-12 所示。

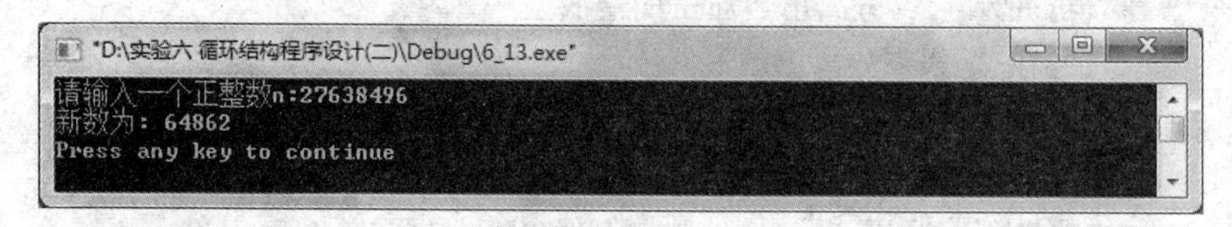

图 6-12 程序运行结果

6-14 编写程序:取出 7654321 偶数位上的数,并按原数中从高到低的顺序组成新的数 642。程序运行结果如图 6-13 所示。

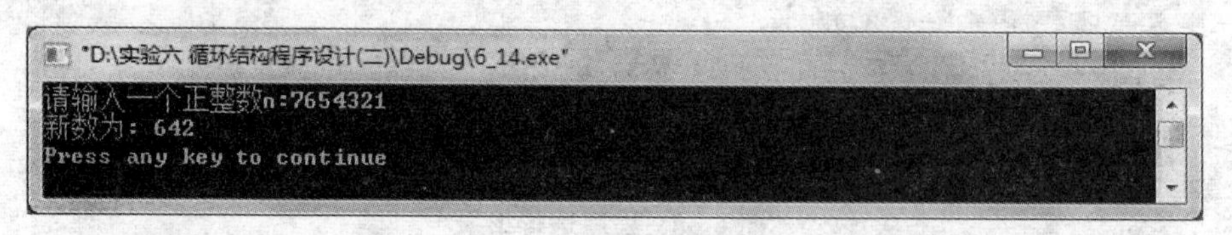

图 6-13 程序运行结果

6-15 编写程序:取出 7654321 奇数位上的各数,并按原数中从高到低的顺序组成新的数 7531。程序运行结果如图 6-14 所示。

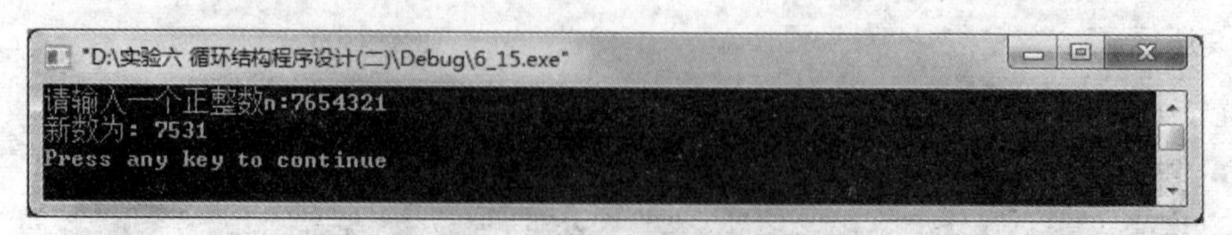

图 6-14 程序运行结果

6-16　用循环嵌套的方法编写程序：求 $s=1^k+2^k+3^k+\cdots+n^k$。如果 k 为 3，n 为 2，则 s 的值为 9；如果 k 为 2，n 为 4，则 s 的值为 30。程序运行结果如图 6-15 所示。

```
# include <stdio.h>
int main()
{
    long int    sum=0,term;
    int i,j;    //循环控制变量
    int k;    //k 次幂
    int n;    //n 的 k 次幂
    printf("请输入 n 和 k：");
    scanf("%d%d",&n,&k);
    /***  在此写入代码***/

    /***  在此写入代码***/
    printf("s=%d\n",sum);
    return 0;
}
```

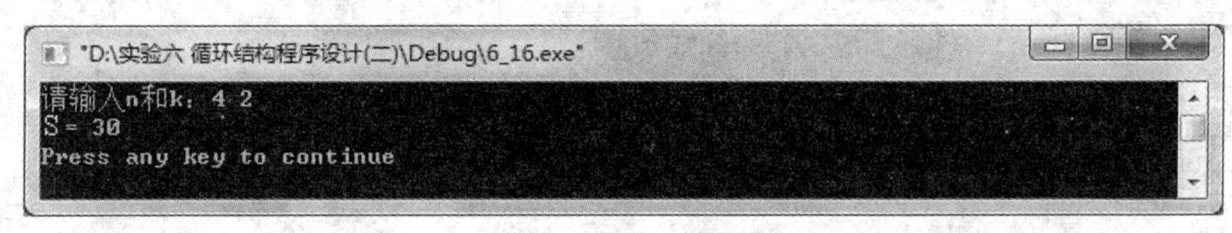

图 6-15　程序运行结果

6-17　利用 e=1+1/1!+1/2!+1/3!+…+1/n!编写程序计算 e 的近似值，直到最后一项的绝对值小于 10^{-5}时为止。程序运行结果如图 6-16 所示。

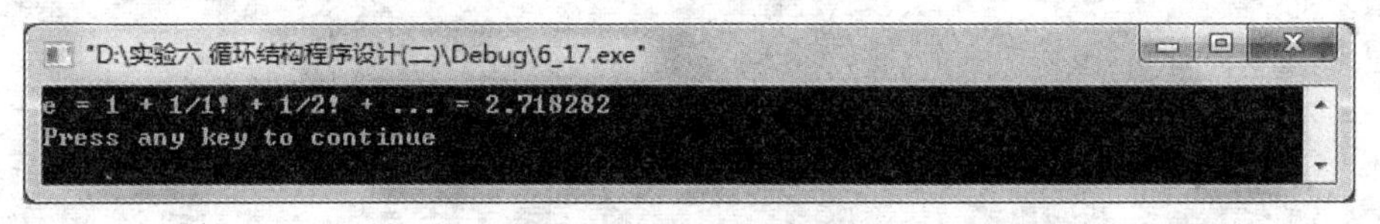

图 6-16　程序运行结果

习　题

1. 编写相关程序，求 3!+6!+9!+…+21!的和。

2. 编写相关程序，求 2+22+222+2222+22222 的和。

3. 编写相关程序，求 high 以内最大的 10 个素数之和。

实验七 函数（一）

一、实验目的和要求

1. 掌握函数的概念与定义；
2. 区分实际参数与形式参数的概念，能正确使用并传递函数参数；
3. 掌握函数的调用方法；
4. 能够将已学的算法模块化，并改写为自定义函数。

二、实验内容

（一）程序阅读，写出程序的运行结果

7-1 函数 fun 的功能：计算 s=1+2+3+⋯+n，s 作为返回值返回。若 n 的值为 50，则 s 的值为 1275。请输入一个 n 值，并给出其运行结果________。

```
#include  <stdio.h>
int fun(  int  n)
{
    int i,s;
    s=0;
    for(i=1;i<=n;i++)
    {
        s=s+i;
    }
    return s;
}
int main()
{
    int n,sum;
    printf("请输入一个正整数 n:");
    scanf("%d",&n);
    sum=fun(n);
    printf("1+2+⋯+%d=%d\n",n,sum);
    return 0;
}
```

7－2　函数 Fact 的功能：计算 n!，阶乘值作为返回值返回。若 n 的值为 5，则返回的阶乘值应为 120；若 n 的值为 6，则返回的阶乘值应为 720。请输入一个 n 值，并给出其运行结果________。

```
#include  <stdio.h>
double Fact(int n)
{
    double  p=1;  //存放累乘积的变量 p 初值设为 1
    int i;
    for(i=1;i<=n;i++)
    {
        p=p*i;
    }
    return p;        //返回算出的阶乘值
}
int main()
{
    int n;
    double jc;
    printf("请输入一个正整数 n:");
    scanf("%d",&n);
    jc=Fact(n);
    printf("%d!=%lf\n",n,jc);
    return 0;
}
```

7－3　函数 IsPrime 的功能：判断形参 m 是不是素数。如果 m 是素数，则返回 1，否则返回 0。写出以下程序的运行结果________。

```
#include <stdio.h>
int  IsPrime(int m)
{
    int i;
    int yes=1;  //标志变量 yes 值为 1，即默认数 m 是素数
    for(i=2;i<=m-1;i++)
    {
        if(m%i==0)  //若 m 能整除 i，说明 m 不是素数
        {
            yes=0;  //将标志变量的值改为 0
            break;
        }
```

```
    }
    return yes;        //返回标志变量的值
}
int main()
{
    int m,yes;
    printf("请输入一个正整数 m:");
    scanf("%d",&m);
    yes=IsPrime(m);
    if(yes)
        printf("%d 是素数!\n",m);
    else
        printf("%d 不是素数!\n",m);
    return 0;
}
```

(二)程序填空

7-4 函数 fun 的功能是进行字母转换。若形参 ch 中是小写英文字母,则转换成对应的大写英文字母;若形参 ch 中是大写英文字母,则转换成对应的小写英文字母;若是其他字符则保持不变;转换后的结果作为函数值返回。请在横线处将代码补充完整。程序运行结果如图 7-1 所示。

```
#include <stdio.h>
#include <ctype.h>      //把字符处理函数所在的头文件包含进来
char fun(char  ch)
{
    if ((ch>='a') ___①___ (ch<='z'))
        return  ch-'a'+'A';
    if (isupper(ch))
        return  ch+'a'-___②___;
    return ___③___;
}
int main()
{
    char  c1,c2;
    printf("The result  :\n");
    c1='a';
    c2=fun(c1);
    printf("c1=%c      c2=%c\n",c1,c2);
```

```
    c1='A';
    c2=fun(c1);
    printf("c1=%cc2=%c\n",c1,c2);
    c1='# ';
    c2=fun(c1);
    printf("c1=%cc2=%c\n",c1,c2);
    return 0;
}
```

图 7-1 程序运行结果

7-5 编写实现函数 fun 功能:求小于形参 n 同时又能被 3 与 7 整除的所有自然数之和的平方根,并作为函数值返回。例如,若 n 为 1000 时,程序输出应为 s=153.909064。运行结果如图 7-2 所示。请在横线处将程序代码补充完整。

```
#include <math.h>
#include <stdio.h>
double  fun(int  n)
{
    double sum=0.0;
    int i;
    for(i=21;i<=n;i++)
        if(___①___)
            sum+=i;
    return  ___②___;
}
int  main()
{
    printf("s=%f\n",fun (1000));
    return 0;
}
```

图 7-2 程序运行结果

7－6 下列给定的程序中，函数 fun 的功能：计算下列公式前 n 项的和并作为函数值返回。例如，当形参 n 的值为 10 时，函数返回值为 9.612558，运行结果如图 7－3 所示。请在横线处将代码补充完整。

公式如下：

$$s=\frac{1\times3}{2^2}+\frac{3\times5}{4^2}+\frac{5\times7}{6^2}+\cdots+\frac{(2\times n-1)\times(2\times n+1)}{(2\times n)^2}$$

```
#include  <stdio.h>
double fun(int  n)
{
    int i;
    double s,t;
    s=___①___;
    for (i=1;i<=___②___;i++)
    {
        t=2.0*i;
        s=s+(2.0*i-1)*(2.0*i+1)/___③___;
    }
    return  s;
}
int main()
{
    int n=-1;
    while(n<0)
    {
        printf("Please input(n>0):");
        scanf("%d",&n);
    }
    printf("The result is: %f\n",fun(n));
    return 0;
}
```

图 7－3　程序运行结果

7－7 函数 fun 的功能是：计算下列公式的前 n 项之和。若 x=2.5，n=15 时，函数值为 1.917914，其运行结果如图 7－4 所示。请在横线处将程序代码补充完整。

公式如下：

$$f(x)=1+x-\frac{x^2}{2!}+\frac{x^3}{3!}-\frac{x^4}{4!}+\cdots+(-1)^{n-2}\frac{x^{n-1}}{(n-1)!}+(-1)^{n-1}\frac{x^n}{n!}$$

```
#include <stdio.h>
double fun(double x,int n)
{
    double f,t;
    int i;
    f=___①___;
    t=-1;
    for (i=1;i<n;i++)
    {
        t* =___②___*x/i;
        f+=t;
    }
    return ___③___;
}
int main()
{
    double x,y;
    int n;
    printf("请输入 x 和 n 的值:");
    scanf("%lf%d",&x,&n);
    y=fun(x,n);
    printf("x=%f\n 前%d 项的和=%f\n",x,n,y);
    return 0;
}
```

图 7-4　程序运行结果

(三) 程序改错

7-8　下列程序中，fun 函数的功能：根据形参 m，计算公式 $t=1+\frac{1}{2}+\frac{1}{3}+\frac{1}{4}+\cdots+\frac{1}{m}$的值。例如，若输入 5，则应输出 2.283333，其运行结果如图 7-5 所示。请修改程序中的错误，使其能得出正确的结果。

```
#include <stdio.h>
double fun(int m)
{
    double t=1.0;
    int i;
    for (i=2;i<=m;i++)
        t+=1.0/k;
    return i;
}
int main()
{
    int m;
    double sum;
    printf("请输入一个正整数 m:");
    scanf("%d",&m);
    sum=fun(m);
    printf("%1f\n",fun(m));
    return 0;
}
```

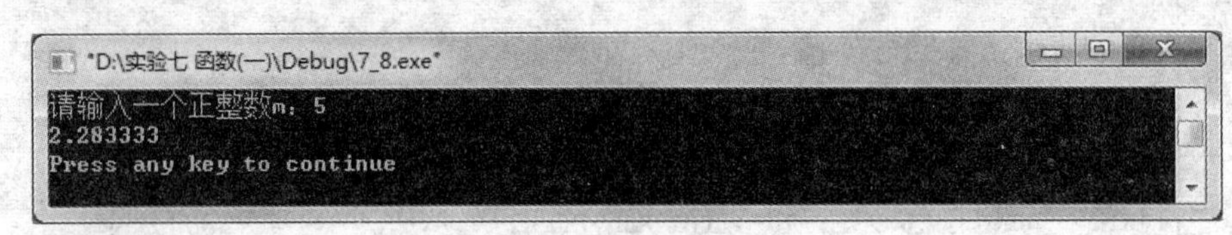

图 7-5　程序运行结果

7-9　编写函数 fun。求 1000 以内所有 8 的倍数之和，运行结果如图 7-6 所示。请修改程序中的错误，使其能得出正确的结果。

```
#include <stdio.h>
#define N 1000
int fun(int m)
{
    int s=0;i;
    for(i=1;i>N;i++)
        if (i/m==0)
            s+=i;
    return s;
}
int main()
```

```
{
    int sum;
    sum=fun(8);
    printf("%d 以内所有%d 的倍数之和为:%d\n",N,8,sum);
    return 0;
}
```

图 7-6　程序运行结果

7-10　下列程序中，函数 fun 的功能是：根据输入的三个边长判断能否构成三角形。若能构成等边三角形，则返回 3；若能构成等腰三角形，则返回 2；若能构成三角形则返回 1；若不能，则返回 0。请修改程序中的错误，并使用图 7-7 所示的数据测试所有分支，使其得出正确结果。

```
#include <stdio.h>
int fun(int a,int b,int c)
{
    if(a+b>c && b+c>a && a+c>b)
    {
        if(a==b&&b==c)
            return 1;
        else
            if(a==b||b==c||a==c)
                return 2;
            else
                return 3;
    }
    else
        return 0;
}
int main()
{
    int a,b,c,shape;
    printf("请输入三条边的值 a,b,c:");
    scanf("%d%d%d",&a,&b,&c);
    shape=fun(a,b,c);
    printf("%d、%d、%d",a,b,c);
```

```
    if (shape==0)
        printf("无法构成三角形!\n");
    else
    {
        printf("构成的三角形为——");
        if (shape==1)
            printf("普通三角形\n");
        if (shape==2)
            printf("等腰三角形\n");
        if (shape==3)
            printf("等边三角形\n");
    }
    return 0;
}
```

(a) 无法构成三角形

(b) 等边三角形

(c) 等腰三角形

(d) 普通三角形

图 7-7　程序运行结果

7-11　下列给定程序的功能是：读入一个整数 k(2≤k≤10000)，输出该整数的所有质因子(即所有为素数的因子)。例如，若输入整数 2310，则应输出：2,3,5,7,11，运行结果如图 7-8 所示。请修改程序中的错误，使其能输出正确的结果。

```
# include  <stdio.h>
Is Prime(int n);
{
    int i,m;
    m=1;
    for (i=2;i<n;i++)
        if!(n%i)
        {
            m=0;
            break;
        }
    return(m);
}
int main()
{
    int j,k;
    printf("请输入一个 2~10000 之间的整数 k:");
    scanf("%d",&k);
    printf("%d 的素数因子有:",k);
    for (j=2;j<k;j++)
        if((!(k%j)) && (IsPrime(j)))
            printf("%4d,",j);
    printf("\n");
    return 0;
}
```

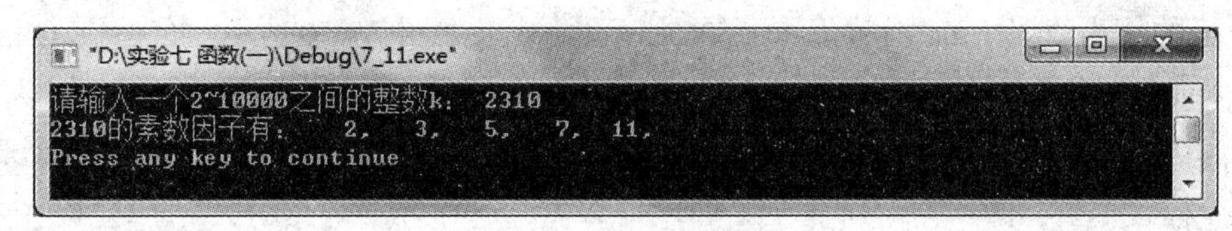

图 7-8　程序运行结果

7-12　下列给定程序中，函数 fun 的功能是：找出一个大于给定整数 m 且紧随 m 的素数，并作为函数值返回，运行结果如图 7-9 所示。请修改下列程序中的错误，使其能输出正确的结果。

```
# include  <stdio.h>
int fun(int m)
{
    int i,k;

    for (i=m+1;;i++)
```

```
    {
        for (k=2;k<i;k++)
            if (i%k!=0)
                break;
            if (k<i)
                return(i);
    }
}
int main()
{
    int n;
    printf("请输入一个正整数 n:");
    scanf("%d",&n);
    printf ("大于%d 且紧随%d 的素数是:%d\n",n,n,fun(n));
    return 0;
}
```

图 7-9　程序运行结果

（四）程序设计

7-13　编写函数 fun，其功能是计算 $s=\sqrt{\ln(1)+\ln(2)+\ln(3)+\cdots+\ln(m)}$。s 作为返回值返回。若 m 的值为 20，则 fun 函数值为 6.506583，运行结果如图 7-10 所示。（注：在 C 语言中可调用 log(n)函数求 ln(n)）

```
#include <math.h>
#include <stdio.h>
double   fun(  int m)
{
    /****** 在此写入代码******/

    /****** 在此写入代码******/
}
int main()
{
    int n;
```

```
    printf("请输入一个正整数 n：");
    scanf("%d",&n);
    printf("ln(1)+ln(2)+…+ln(n)=%f\n",fun(n));
    return 0;
}
```

```
"D:\实验七 函数(一)\Debug\7_13.exe"
请输入一个正整数n: 20
ln(1)+ln(2)+...+ln(n) = 6.506583
Press any key to continue
```

图 7-10　程序运行结果

7-14　编写函数 fun,利用迭代法求方程 cos(x)-x=0 的一个实根。程序运行结果如图 7-11 所示。

迭代步骤如下：

步骤 1. 取 x1 初值为 0.0；

步骤 2. x0=x1，将 x1 的值赋给 x0；

步骤 3. x1=cos(x0)，求出一个新的 x1；

步骤 4. 若 x0-x1 的绝对值小于 0.000001，执行步骤 5，否则执行步骤 2；

步骤 5. 所求 x1 就是方程 cos(x)-x=0 的一个实根，作为函数值返回。

```
#include <math.h>
#include <stdio.h>
double fun()
{
    /****** 在此写入代码******/

    /****** 在此写入代码******/
}
int main()
{
    printf("Root=%f\n",fun());
    return 0;
}
```

图 7-11　程序运行结果

7-15　编写函数 fun，该函数的功能是：变量 x 保留两位小数，并对第三位进行四舍五入(规定 x 中的值为正数)。若 x 值为 1234.567,则函数返回 1234.570000,运行结果如图 7-12 所示。

```
#include <stdio.h>
float fun (float x)
{
    /****** 在此写入代码******/

    /****** 在此写入代码******/
}
int main()
{
    float a;
    printf("请读入一个实数 x:");
    scanf ("%f",&a);
    printf("四舍五入的值为:%f\n",fun(a));
    return 0;
}
```

图 7-12　程序运行结果

7-16　编写函数 fun,其功能是计算并输出如下多项式的值:S_n=1+1/1!+1/2!+1/3!+1/4!+…+1/n!。例如,若主函数从键盘给 n 输入 15,则输出为 S=2.718282,运行结果如图 7-13 所示。注意:n 的值要求大于 1 但不大于 100,且 n 为正整数。

```
#include <stdio.h>
double fun(int n)
{
    /****** 在此写入代码******/

    /****** 在此写入代码******/
}
int main()
{
    int n;
    double s;
    printf("请输入一个正整数 n:");
```

```
    scanf("%d",&n);
    s=fun(n);
    printf("1+1/1!+1/2!+1/3!+…+1/n!=%f\n",s);
    return 0;
}
```

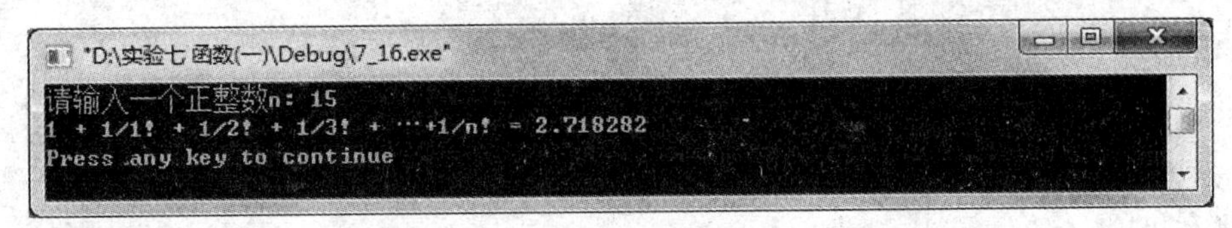

图 7-13　程序运行结果

7-17　编写函数 fun,该函数的功能是:计算并输出 n(包括 n)以内所有能被 5 或 9 整除的自然数的倒数之和,n 为正整数。例如,若主函数中从键盘给 n 输入 20 后,则输出为 S=0.583333,运行结果如图 7-14 所示。注意:n 的值要求不大于 100,且为正整数。

```
#include <stdio.h>
double fun(int n)
{
    /****** 在此写入代码******/

    /****** 在此写入代码******/
}
int main()
{
    int n;
    double s;
    printf("请输入一个正整数 n:");
    scanf("%d",&n);
    s=fun(n);
    printf("%d 以内能被 5 或 9 整除的自然数的倒数之和=%f\n",n,s);
    return 0;
}
```

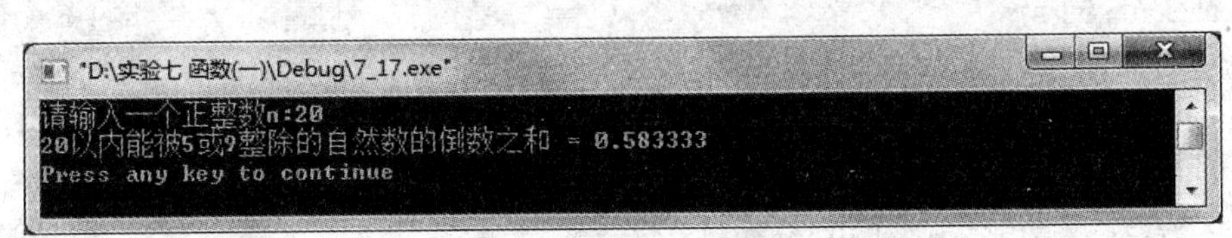

图 7-14　程序运行结果

7-18　编写函数 fun,w 是一个大于 10 的无符号整数,若 w 是 n(n≥2)位的整数,则函数求出 w 的后(n-1)位的数作为函数值返回。例如，w 值为 5923，则函数返回 923，运行结果如图 7－15 所示。

```
#include  <stdio.h>
unsigned fun(unsigned w)
{
    /****** 在此填写代码******/

    /****** 在此填写代码******/
}
int main()
{
    unsigned x;
    printf("请输入一个大于 10 的整数:");
    scanf ("%u",&x);
    if (x<10)
        printf("输入有误!");
    else
        printf("%u 的后 n-1 位数为:%u\n",x,fun(x));
    return 0;
}
```

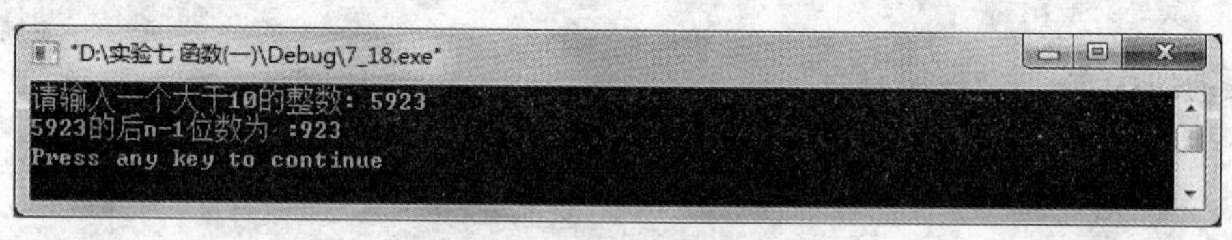

图 7－15　程序运行结果

7－19　编写函数 fun，其功能是：计算并输出 3～n 之间所有素数的平方根之和。例如，若主函数从键盘中给 n 输入 100 后，则输出 sum=148.874270，运行结果如图 7－16 所示。注意：n 的值要大于 2 但不大于 100，且为正整数。

```
#include  <stdio.h>
#include  <math.h>
double fun(int n)
{
    /****** 在此写入代码******/

    /****** 在此写入代码******/
}
int main()
```

```
{
    int n;
    double sum;
    printf("请输入一个大于 3 的正整数 n:");
    scanf("%d",&n);
    sum=fun(n);
    printf("3～n 之间所有素数的平方根之和=%f\n",sum);
    return 0;
}
```

```
"D:\实验七 函数(一)\Debug\7_19.exe"
请输入一个大于3的正整数n: 100
3~n之间所有素数的平方根之和 = 148.874270
Press any key to continue
```

图 7-16　程序运行结果

习　题

1. 判断形参 n 中的正整数是几位数(输入数据的位数不超过 4 位),并将结果通过函数值返回。例如,若输入的数据为 123,则输出结果为:输入的数字是 3 位。
2. 函数 fun 的功能是:将形参 n 所指变量中,各位为偶数的数去掉,剩余的数按原来从高位到低位的顺序组成一个新数,并将结果通过函数值返回。例如,若输入一个数 27638496,则新数为 739。
3. 编写函数 fun,其功能是:计算并输出给定整数 n 的所有因子(不包括 1 与自身)之和。规定 n 的值不大于 1000。例如,若主函数从键盘给 n 输入的值为 856,则输出为 sum=763。

实验八 函数（二）

一、实验目的和要求

1. 掌握函数的嵌套调用方法；
2. 掌握函数原型声明的方法；
3. 掌握函数的递归调用方法及递归函数的定义与使用；
4. 掌握全局变量、局部变量的作用域与存储类。

二、实验内容

（一）程序填空

8-1 编写自定义函数 Fact，用递归法求 n!。已知阶乘的递归定义方式为：$n!=\begin{cases}1, & n=0,1\\ n\times(n-1), & n\geqslant 2\end{cases}$，请在横线处将程序代码补充完整，运行结果如图 8-1 所示。

```
#include <stdio.h>
long   Fact(int n)
{
    if(___①___)
        return 1;
    else
        return   n* Fact(n-1);
}
int main()
{
    int n;
    printf("请输入一个正整数 n:");
    scanf("%d",&n);
    printf("%d!=%ld\n",n,___②___);
    return 0;
}
```

图 8-1　程序运行结果

8-2　编写函数 fun,用递归法求 Fibonacci 数列第 n 项的值。已知 Fibonacci 数列的递归定义方式为

$$\text{Fibonacci}(n)=\begin{cases}1, & n=1,2\\ \text{Fibonacci}(n-1)+\text{Fibonacci}(n-2), & n\geqslant 3\end{cases}$$

请在横线处将程序代码补充完整,运行结果如图 8-2 所示。

```
#include <stdio.h>
long fun(int  g)
{
    if(___①___)
        return 1;
    else
        return ___②___;
}
int main()
{
    long  fib;
    int n;
    printf("读入 n:  ");
    scanf("%d",&n);
    fib=fun(n);
    printf("fun(%d)=%ld\n\n",n,fib);
    return 0;
}
```

图 8-2　程序运行结果

8-3　已知方程 $x^2-x-2=0$ 在区间[1,4]内有一个实根。以下程序中函数 double root(double a,double b)为递归函数,采用二分法(半分区间法)求方程 f(x)=0 在区间[a,b]内的一个实根 x,当|f(x)|<0.000001 时,x 即为所求得近似实根。请在横线处将程序代码补充完整,运行结果

如图 8－3 所示。

```
#include <stdio.h>
#include <math.h>
double f(double  x)
{
    return(x*x-x-2);
}
double root(double  a,double  b)
{
    double  m=(a+b)/2;  //取[a,b]区间的中点
    double f0=f(a),x=0;
    if(fabs(f(m))<1e-6)  //如果 f(m)足够小
        x=m;                  //则该中点值就是方程的一个根
    else                      //否则，查找区间折半继续查找
    {
        if(f0* f(m)>0)  //如果 f(a)*f(m)>0,则根不可能在[a,m]间，只可能在[m,b]间
            __①__;            //此时区间折半为[m,b]
        else             //否则，根一定在[a,m]间
            __②__;            //此时区间折半为[a,m]
        x=root(a,b);     //递归调用 root 函数继续求近似根
    }
    return  x;
}
int main()
{
    printf("\n One root is  %lf\n",root(1,4));
    return 0;
}
```

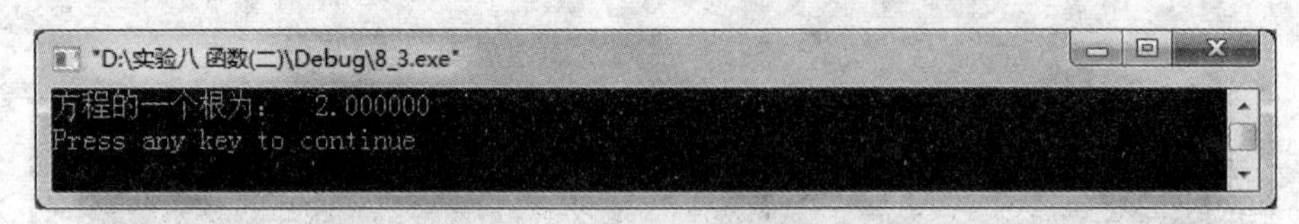

图 8－3　程序运行结果

8－4　函数 fun 的功能是：根据形参 i 的值返回某个函数的值。当调用正确时，程序输出：x1=5.000000，x2=3.000000，x1×x1+x1×x2=40.000000。请在横线处将程序代码补充完整，运行结果如图 8－4 所示。

```
#include  <stdio.h>
double f1(double  x)
```

```
{
    return x*x;
}
double f2(double  x,double  y)
{
    return  x*y;
}
double fun(int  i,double  x,double  y)
{
    if (i==1)
        return  __①__ (x);
    else
        return  __②__ (x,y);
}
int main()
{
    double  x1=5,x2=3,r;
    r=fun(1,x1,x2);
    r=r+fun(2,x1,x2);
    printf("x1=%f,x2=%f,x1*x1+x1*x2=%f\n",x1,x2,r);
    return 0;
}
```

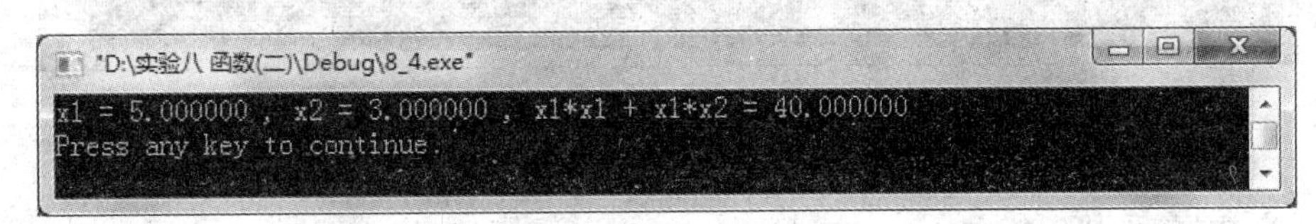

图 8-4　程序运行结果

8-5　函数 fun 的功能是:统计长整数 n 的各位上出现数字 1,2,3 的次数,并用外部(全局)变量 c1、c2、c3 返回主函数。例如,当 n=123114350 时,结果应该为:c1=3,c2=1,c3=2,运行结果如图 8-5 所示。请在横线处将代码补充完整。

```
#include <stdio.h>
int  c1,c2,c3;  //全局变量
void fun(long n)
{
    c1=c2=c3=0;
    while(n)
    {
```

```
            switch(____①____)
            {
            case 1:
                c1++;____②____;
            case 2:
                c2++;____③____;
            case 3:
                c3++;
            }
            n/=10;
        }
}
int main()
{
    long n=123114350;
    fun(n);
    printf("n=%ld c1=%d c2=%d c3=%d\n\n",n,c1,c2,c3);
    return 0;
}
```

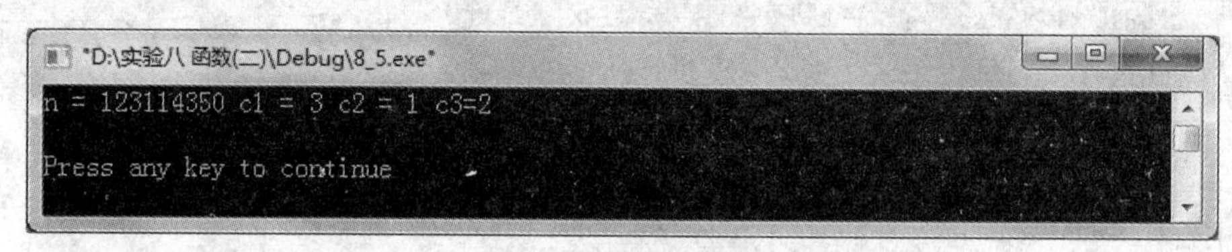

图 8-5　程序运行结果

（二）程序改错

8-6　下列给定程序中函数 fun 的功能是：按以下递归公式求函数的值 $fun(n)=\begin{cases}10, & n=1\\ fun(n-1)+2, & n>1\end{cases}$，请修改程序中的错误，使其能输出如图 8-6 所示的正确结果。

```
#include <stdio.h>
fun (n)
{
    int c;
    if(n=1)
        c=10;
    else
        c=fun(n-1)+2;
```

```
    return(c);
}
int main()
{
    int n;
    printf("请输入 n:  ");
    scanf("%d",&n);
    printf("值为:%d\n\n",fun(n));
    return 0;
}
```

图 8-6　程序运行结果

8-7　下列程序中函数 fun 的功能是：计算 s=f(−n)+f(−n+1)+…+f(0)+f(1)+f(2)+…+f(n)的值。当 n 为 5 时，函数值 s 为 10.407143，运行结果如图 8-7 所示。请修改程序中的错误，使其能输出正确的结果。

f(x)函数定义如下：

$$f(x)=\begin{cases}(x+1)/(x-2), & x>0 \text{ 且 } x\neq 2\\ 0, & x=0 \text{ 或 } x=2\\ (x-1)/(x-2), & x<0\end{cases}$$

```
#include  <stdio.h>
f(double  x)
{
    if(x==0.0||x==2.0)
        return 0.0;
    else
        if(x<0.0)
            return(x-1)/(x-2);
        else
            return(x+1)/(x-2);
}
double fun(int n)
{
    int i;
    double s=0.0,y;
```

```
        for(i=-n;i<=n;i++)
        {
            y=f(1.0* i);
            s+=y;
        }
        return s
    }
    int main()
    {
        printf("fun(5)=%f\n",fun(5));
        return 0;
    }
```

图 8-7 程序运行结果

8-8 下列给定程序中函数 fun 的功能是:用递归算法求形参 a 的平方根。求平方根的迭代公式为 $x1=\frac{1}{2}\left(x0+\frac{a}{x0}\right)$。例如,a=2 时,平方根值为 1.414214,运行结果如图 8-8 所示。请修改程序中的错误,使其能输出正确的结果。

```
    #include <stdio.h>
    #include <math.h>
    fun(double a,dounle x0)
    {
        double   x1,y;
        x1=(x0+a/x0)/2.0;
        if(fabs(x1-x0)<0.00001)
            y=fun(a,x1);
        else
            y=x1;
        return   y;
    }
    int main()
    {
        double   x;
        printf("请输入一个实数 x:");
        scanf("%lf",&x);
```

```
    printf("%lf 的平方根为：%lf\n",x,fun(x,1.0));
    return 0;
}
```

"D:\实验八 函数(二)\Debug\8_8.exe"
请输入一个实数x：2
2.000000的平方根为：1.414214
Press any key to continue

图 8－8　程序运行结果

（三）程序设计

8－9　编写函数 fun，根据公式 $p=\frac{m!}{n!(m-n)!}$ 求 p 的值，结果由函数值代回。函数 jc 用于计算 n!。m 与 n 为两个正整数，且 m>n。当 m=12，n=8 时，p 的值为 495.000000，运行结果如图 8－9 所示。请补充程序代码，使其能输出正确结果。

```
#include <stdio.h>
long  jc(int  m)
{
    /****** 在此写入代码******/

    /****** 在此写入代码******/
}
float  fun(int m,int n)
{
    /****** 在此写入代码******/

    /****** 在此写入代码******/
}
int main()
{
    printf("P=%f\n",fun (12,8));
    return 0;
}
```

图 8－9　程序运行结果

习 题

1. 编写函数 fun,它的功能是:求小于形参 n 同时能被 3 与 7 整除的所有自然数之和的平方根,并作为函数值返回。例如,若 n 为 1000 时,程序输出:s=153.909064。
2. 编写函数 fun,其功能是:求三个数的最小公倍数,并作为函数值返回。例如,若给主函数中的变量 x1、x2、x3 分别输入 15、11、2,则输出结果应当是 330。

实验九 一维数组程序设计

一、实验目的和要求

1. 掌握一维数组的定义、初始化方法；
2. 掌握一维数组中数据的输入和输出方法；
3. 掌握与一维数组有关的程序和算法。

二、实验内容

（一）阅读程序，写出运行结果

9-1 以下程序运行后的输出结果是________。

【算法提示】 对数组部分初始化，没有初始化的数组的值为0。

```
#include <stdio.h>
int main()
{
    int a[4]={1,2};
    printf("%d%d%d%d\n",a[0],a[1],a[2],a[3]);
    return 0;
}
```

【思考】 若没有对数组初始化或者赋值，数组a中4个元素的值是多少？

9-2 以下程序运行后的输出结果是________。

【算法提示】 计算一维数组a中某些元素的和，这些元素的下标是另外一个一维数组b中元素值。

```
#include <stdio.h>
int main()
{
    int a[5]={1,2,3,4,5},b[5]={0,2,1,3},i,s=0;
    for(i=0;i<5;i++)
        s=s+a[b[i]];
    printf("%d\n",s);
    return 0;
}
```

【思考】 分析结果是哪些元素相加之和。

9-3 以下程序运行后的输出结果是________。

【算法提示】 功能是输出数组s中最大元素的下标。

```
#include <stdio.h>
int main()
{
    int k,i;
    int s[]={3,-8,7,2,-1,4};
    for(i=0,k=i;i<6;i++)
        if(s[i]>s[k])
        k=i;
    printf("k=%d\n",k);
    return 0;
}
```

【思考】 若将s[i]>s[k]改为s[i]<s[k],其输出结果又是什么?

（二）程序填空

9-4 下面程序的功能是:求一维数组中下标为偶数的元素之和并输出。请在程序中的横线上填入正确的代码。程序运行结果如图9-1所示。

【算法提示】 注意:C语言中数组的下标是从0开始的。

```
#include <stdio.h>
int main()
{
    int i,sum=0;
    int a[]={2,3,4,5,6,7,8,9};        //定义数组并初始化
    for(i=0;i<8;____①____)            //要求下标是偶数
        ____②____;                    //求满足条件元素之和
    printf("sum=%d\n",sum);
    return 0;
}
```

图9-1 程序运行结果

【思考】 若求数组中下标为奇数的数组元素之和,程序该如何改写?

9-5 下面程序的功能是:输出一维数组a元素中的最小值及其下标。程序运行结果如图9-2所示。

【算法提示】 定义一个整型变量存放最小值下标，将其初始化为0。例如，int p=0;即从数组第0个元素开始判断。通过循环，依次判断数组中的每一个元素a[i]是否小于a[p]，如果是，则将p和a[p]的值做相应改变。

```
#include <stdio.h>
int main()
{
    int i,m,p,a[10]={9,8,7,6,1,3,5,18,2,4};       //m为最小值，p为其下标
    m=a[0];
    p=0;
    for(i=1;i<10;i++)
        if (a[i]<m)
        {___①___;p=i;}                           //请补充完整此语句
    printf("%d %d\n",a[p],p);                     //输出一维数组a中的最小值及其下标
return 0;
}
```

图9-2　程序运行结果

【思考】 若求数组中最大值及下标，将如何修改程序？

9-6 从键盘上输入10个大于10的正整数放入一数组a中，将满足以下条件的元素放入另一个数组b中：该数组的个位和十位数之和大于6。程序运行结果如图9-3所示。

```
#include <stdio.h>
int main()
{
    int a[10],b[10];
    int num=0,i,ge,shi;
    for(i=0;i<10;i++)
        scanf("%d",&a[i]);
    for(i=0;i<10;i++)
    {
        ge=a[i]%10;
            ___①___              //将十位数提取
        if(ge+shi>6)
            ___②___              //将满足条件的元素放入数组b
    }
    printf("满足条件的元素有:\n");
```

```
    for(i=0;i<num;i++)
        printf("%-3d",b[i]);
    return 0;
}
```

```
"D:\实验九 一维数组程序设计\Debug\9_6.exe"
11 22 12 58 59 70 71 31 21 28
满足条件的元素有:
58   59   70   71   28   Press any key to continue
```

图 9-3 程序运行结果

【思考】 如何将一个整数的十位、个位数提取出，以及如何统计满足条件数组元素的个数并放入变量 num 中。

（三）程序改错

9-7 统计出若干个学生的平均成绩，并求出最低分以及得最低分的人数。程序运行结果如图 9-4 所示。

【提示】 以下程序中有 3 处错误。

```
#include <stdio.h>
float Min=0;
int  J=0;
float fun(float array[],int n)
{
    int i;float sum=0,ave;
    Min=array[0];
    for(i=0;i<n;i++)
    {
        if(Min>array [i])
          Min=array [i];
        sum=+array [i];
    }
        ave=sum\n;
    for(i=0;i<n;i++)
        if(array [i]=Min) J++;
    return(ave);
}
int main(  )
{
    float  a[10],ave;
```

```
    int i=0;
    for(i=0;i<10;i++)
        scanf("%f",&a[i]);
    ave=fun(a,10);
    printf("ave=%f\n",ave);
    printf("min=%f\n",Min);
    printf("Total:%d\n",J);
    return 0;
}
```

```
"D:\实验九 一维数组程序设计\Debug\9_7.exe"
92 87 68 56 92 84 67 75 92 66
ave=77.900002
min=56.000000
Total:1
Press any key to continue
```

图 9-4　程序运行结果

【思考】　程序中全局变量 Min 和 J 所起的作用。

9-8　将整型数组中所有小于 0 的元素放到所有大于 0 的元素的前面(要求只能扫描数组一次)。程序运行结果如图 9-5 所示。

【算法提示】　若设数组为 a，两个循环变量 i、j，分别从第一个元素和最后一个元素扫描，若 a[i]为负数，则 i 值加 1，向后移动；若 a[j]为正数则 j 值减 1，向前移动；若出现 a[i]为负数，a[j]为正数则将两元素相交换。

```
#include<stdio.h>
#define Max 50
void fun(int a[],int n)
{
    int i=0;j=n-1,temp;
    while(i<j)
    {
        while(a[i]<0)
        i++;
        while(a[j]>=0)
            j++;
        if(i>j)
        {
          temp=a[i];
          a[i]=a[j];
          a[j]=temp;
```

```
            }
        }
    }

i nt main()
    {
        a[]={1,-3,-1,3,2,4,-4,5,-5,-2},n=10,i;
        fun(a,n);
        for(i=0;i<10;i++)
        printf("%d",a[i]);
        return 0;
    }
```

图 9-5　程序运行结果

【思考】 若程序无语法错误可能会出现死循环，则分析其原因。

（四）程序设计

9-9　将一个数组中的值按逆序重新存放。原来的顺序为 8,6,5,4,1,2，要求改为按 2,1,4,5,6,8 的顺序存放。程序运行结果如图 9-6 所示。

【算法提示】 在循环中，使第 0 个元素与第(n-1)个元素交换，第 1 个元素与第(n-2)个元素交换，第 2 个元素与第(n-3)个元素交换(注意：循环次数按 n/2 确定，n 为数据个数)。

```
#include <stdio.h>
#define N 6
void change(int x[],int n)
{
    /****** 在此写入代码******/

    /****** 在此写入代码******/
}
int main()
{
    int a[N],i;
    for(i=0;i<N;i++)
        scanf("%d",&a[i]);
    change(a,N);
```

```
    for(i=0;i<N;i++)
        printf("%d\t",a[i]);
    return 0;
}
```

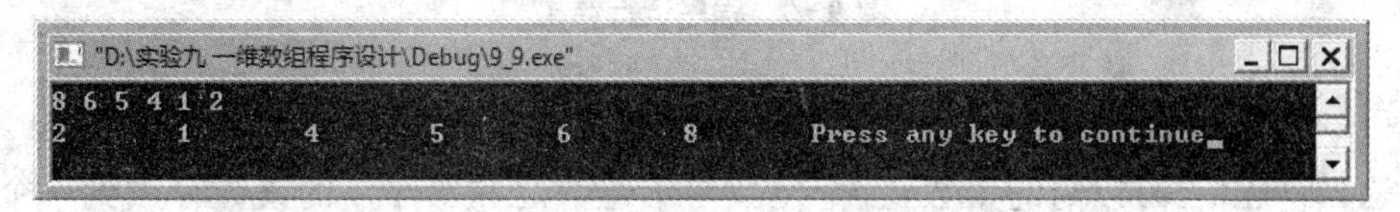

图 9-6 程序运行结果

【思考】 注意是逆序存放而不是逆序输出。

9-10 从键盘上输入n个数据，并用选择法对这些数进行从小到大的排序。程序运行结果如图9-7所示。

【算法提示】 第0趟，在待排序记录a[0]~a[n-1]中选出最小的记录，将其与a[0]交换；第1趟，在待排序数据a[1]~a[n-2]中选出最小的，将其与a[1]交换；以此类推，第i趟，在待排序记录a[i]~a[n-1]中选出最小的记录，将其与a[i]交换，使有序序列不断增长直到全部排序完毕。

```
#include <stdio.h>
void selectsort(int x[],int n)
{
        /****** 在此写入代码******/



        /****** 在此写入代码******/
}
int main()
{
    int a[10],i,n=10;
    printf("Please input 10 numbers:");
    for(i=0;i<10;i++)
        scanf("%d",&a[i]);
    selectsort(a,10);
    printf("The sorted numbers:");
    for(i=0;i<10;i++)
        printf("%d",a[i]);printf("\n");
    return 0;
}
```

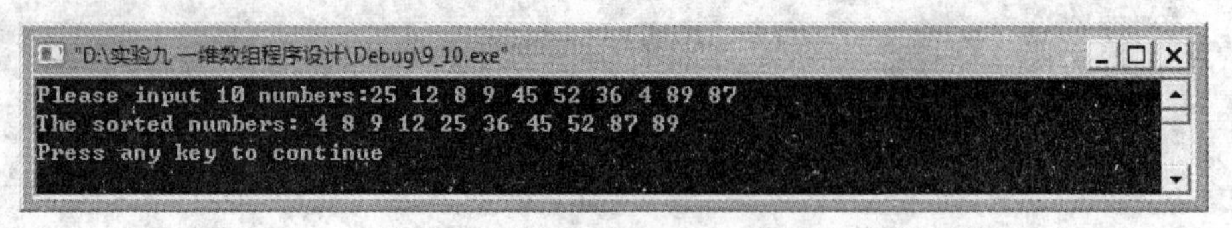

图9-7 程序运行结果

【思考】 该排序方法最多可交换的次数。

9-11 将10~100以内的素数，且个位数与十位数之和等于7的素数存放到一个数组中。程序运行结果如图9-8所示。请补充程序代码，并使其输出正确结果。

【算法提示】 该数要满足两个条件：一是素数；二是个位数与十位数之和为7。

```
#include <stdio.h>
int prime(int x)
{
    /****** 在此写入代码******/



    /****** 在此写入代码******/
}
int div7(int x)
{
    /****** 在此写入代码******/




    /****** 在此写入代码******/
}
int main()
{
int num[100],x,count=0,i;
for(x=2;x<100;x++)
    if(prime(x)&&div7(x))
        num[count++]=x;
for(i=0;i<count;i++)
    printf("%-5d",num[i]);
return 0;
}
```

图 9-8　程序运行结果

【思考】 判断素数的条件,一个整数的各位如何拆分出?

习　题

1. 求出 a 数组中最大数和次最大数(规定最大数和次最大数不在 a[0]和 a[1]中),依次与 a[0]、a[1]中的数对调。例如,数组中原有的数:7、10、12、0、3、6、9、11、5、8;输出的结果为:12、11、7、0、3、6、9、10、5、8。
2. 移动一维数组中的内容:若数组中有 n 个整数,要求把下标从 0 到 p(含 p,p 小于等于 n-1)的数组元素平移到数组的最后。例如,一维数组中的原始内容为 1,2,3,4,5,6,7,8,9,10,p=3。移动后,一维数组中的内容应为 5,6,7,8,9,10,1,2,3,4。
3. 有一数组内放 10 个整数,要求找出最小数及其下标,然后把它和数组中最前面的元素(即第一个数)对换位置。

实验十 二维数组程序设计

一、实验目的和要求

1. 掌握二维数组的定义、初始化方法；
2. 掌握二维数组中数据的输入和输出方法；
3. 掌握与二维数组有关的程序和算法。

二、实验内容

（一）阅读程序，写出运行结果

10-1 以下程序运行后的输出结果是________。

【算法提示】 程序循环3次，分别输出a[0][2]、a[1][1]、a[2][0]对应的数据。

```
#include <stdio.h>
int main()
{
    int x[3][3]={1,2,3,4,5,6,7,8,9};
    int i;
        for(i=0;i<3;i++)
            printf("%d",x[i][2-i]);
        printf("\n");
    return 0;
}
```

【思考】 若对数组x初始化为x[3][3]={1,2,3}，分析其输出结果。

10-2 以下程序运行后的输出结果是________。

【算法提示】 此程序完成的功能是计算3×3矩阵的下三角阵(包括主对角线元素)元素之和。

```
#include <stdio.h>
int main()
{
int   a[3][3]={{1,2},{3,4},{5,6}};
    int i,j,s=0;
for(i=0;i<3;i++)
```

```
            for(j=0;j<=i;j++)
                s+=a[i][j];
    printf("%d\n",s);
    return 0;
}
```

【思考】 若程序的功能是求矩阵的上三角元素之和，则程序该如何修改。

10-3 以下程序运行后的输出结果是________。

【算法提示】 该程序的功能是判断数组中某行的值有无小于60的数，若有则将其输出。

```
#include <stdio.h>
int main()
{
int   a[3][4]={ {69,99,76,76},
               {78,59,87,90},
               {90,67,97,87}
            };
    int i,j,k;
    for(i=0;i<3;i++)
      for(j=0;j<4;j++)
        if(a[i][j]<60)
            { printf("第%d 行:\n",i+1);
              for(k=0;k<4;k++)
                printf("%4d",a[i][k]);
              printf("\n");
              break;
            }
    return 0;
}
```

【思考】 若将条件 if(a[i][j]<60)改为 if(a[i][j]>60)，其输出结果又是多少？

（二）程序填空

10-4 下面程序的功能是：求一个4×4矩阵的主对角线元素之和，完成相关程序代码并运行程序。程序运行结果如图10-1所示。

【算法提示】 C语言中对角线元素的特点是行号和列号的值相同。

```
#include<stdio.h>
int main()
{
    int a[4][4];
    int i,j,sum=0;
```

```
    for(i=0;i<4;i++)
        for(j=0;j<4;j++)\
            ___①___
        for(i=0;i<4;i++)
            ___②___                    //把对角线元素的和放在变量 sum 中
        printf("sum=%d\n",sum);         //输出对角线元素的和
    return 0;
}
```

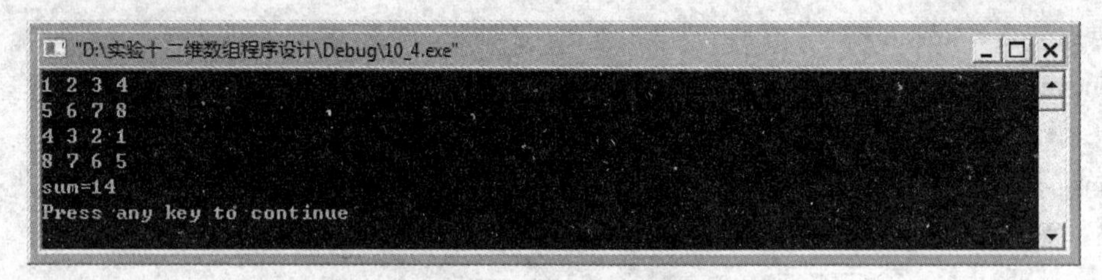

图 10-1　程序运行结果

【思考】 若求副对角线元素之和,程序又该如何改写?

10-5 求二维数组中元素的最大值及其下标。程序运行结果如图 10-2 所示。补充相关程序代码并使其输出正确结果。

【算法提示】 将数组中第一个元素设为最大值 max,其他元素逐个与 max 比较,若比 max 的值大则将 max 置为新元素,并记录其行号和列号。

```
#include <stdio.h>
int main()
{ int a[4][4]={{1,2,3,4},{3,4,5,6},{5,6,7,8},{7,8,9,10}};
    int i,j,max,l,c;            //max 存放最大值,l、c 分别存放行和列的下标
    ___①___
    for(i=0;i<4;i++)
        for(j=0;j<4;j++)
            if(___②___)
            {
                ___③___
                l=i;
                c=j;
            }
    printf("max=%d,l=%d,c=%d%\n",max,l,c);
    return 0;
}
```

图 10-2　程序运行结果

【思考】 若求数组中最小值及其下标，该如何修改程序？

10-6　统计3个学生，每个学生4门课程的考试成绩，要求输出每个学生的总成绩，每个学生的平均成绩、3个学生的总平均成绩。补充完成相关程序代码并运行程序，其运行结果如图10-3所示。

【算法提示】 定义两个数组t和a分别用以存放每个学生的总成绩和每个学生的平均成绩。每循环一行将其和放入t数组所对应的元素中。

```
#include <stdio.h>
int main()
{ float  stu[3][4],t[3],a[3],sum;
     int i,j;
     sum=0;
     for(i=0;i<3;i++)                    //输入3个学生的4门课程考试成绩
          for(j=0;j<4;j++)
               scanf("%f",&stu[i][j]);
     for(i=0;i<3;i++)
     {
            ___①___
          for(j=0;j<4;j++)
          {
            ___②___                     //sum存放3个学生的4门课程总成绩
            ___③___                     //t[i]存放第i个学生的4门课程成绩
          }
          printf("%-6.2f",t[i]);          //输出第i个学生的总成绩
            ___④___
            printf("%-6.2f\n",a[i]);      //a[i]存放第i个学生的4门课程平均成绩
          }
          printf("average=%.2f\n",sum/12.0);
          return 0;
}
```

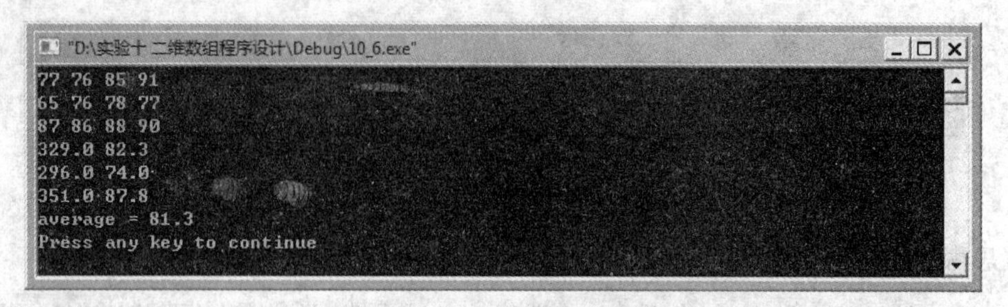

图 10-3 程序运行结果

【思考】 程序中，数组 a 中每个元素的值是如何得到的？

（三）程序改错

10-7 数组左下三角元素中的值乘以 3。程序运行结果如图 10-4 所示。

【算法提示】 下列程序有 3 处错误。

```
#include <stdio.h>
#define N 3
void fun (int a[][N],int n)
{
int   i;j;
      for(i=0;i<N;i++)
            for(j=0;j<N;j++)
                  a[i][j]=*  n;
}
int main ()
{
      int a[N][N],i,j;
      printf("*****   The array *****\n");
      for (i=0;i<3;i++)
      {
            for (j=0;j<3;j++)
                  scanf("%d",&a[i][j]);
      }

      fun (a,3);
      printf ("*****   THE RESULT *****\n");
      for (i=0;i<3;i++)
      {
            for (j=0;j<3;j++)
            printf("%4d",a[i][j]);
```

```
        printf("\n");
    }
    return 0;
}
```

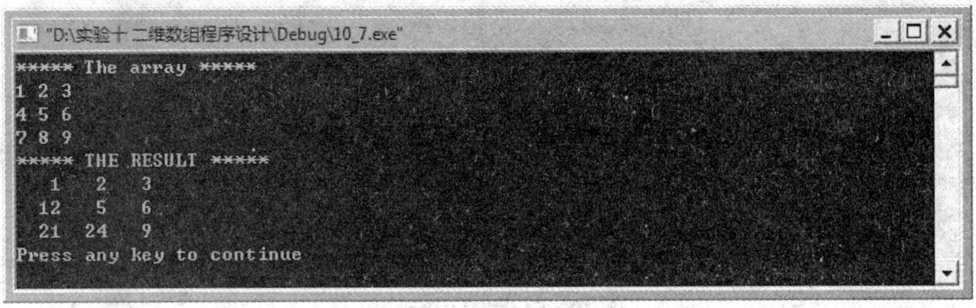

```
"D:\实验十 二维数组程序设计\Debug\10_7.exe"
***** The array *****
1 2 3
4 5 6
7 8 9
***** THE RESULT *****
   1   2   3
  12   5   6
  21  24   9
Press any key to continue
```

图 10-4 程序运行结果

【思考】 若将对角线元素也改为原来的3倍,程序又如何改写?

10-8 编写程序,生成一个对角线元素为3,上三角元素为0,下三角元素为1的3×3的矩阵。程序运行结果如图10-5所示。

【算法提示】 对角线元素的行号和列号均相等,上三角行号小于列号,下三角行号大于列号。

```
#include <stdio.h>
void fun(int arr[][3])
{
    float i,j;
     for(i=1;i<3;i++)
       for(j=0;j<3;j++)
                if(i=j)
          arr[i][j]=3;
        else if(j>i)
           arr[i][j]=0;
        else
           arr[i][j]=1;
}

i nt main()
{
    int a[3][3],i,j;
    fun(a);
    for(i=0;i<3;i++)
    {
```

```
        for(j=0;j<3;j++)
          printf("%d",a[i][j]);
        printf("\n");
      }
    return 0;
}
```

图 10-5 程序运行结果

【思考】 在一个二维数组中，对角线上三角、下三角元素的特点。

（四）程序设计

10-9 求 N×N 矩阵每行最大值的和。程序运行结果如图 10-6 所示。

【算法提示】 使用循环语句将每行的最大值求出，并将其累加到一起。

```
#include <stdio.h>
#define N 3
int maxsum(int x[][N],int n)
{
    /******* 在此写入代码*******/




    /******* 在此写入代码*******/
}
int main()
{
    int a[N][N],i,j,sum;
    for(i=0;i<N;i++)
        for(j=0;j<N;j++)
            scanf("%d",&a[i][j]);
        sum=maxsum(a,N);
        printf("The sum is %d\n",sum);
return 0;
}
```

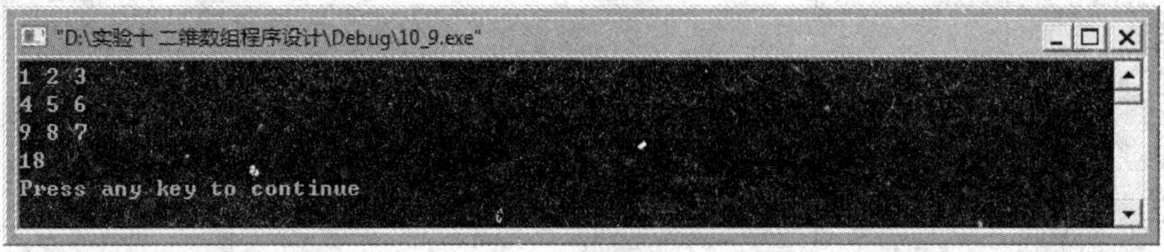

"D:\实验十 二维数组程序设计\Debug\10_9.exe"
1 2 3
4 5 6
9 8 7
18
Press any key to continue

图 10－6　程序运行结果

【思考】 如何求每一行元素的最大值？

10－10　编写程序：将矩阵的右上三角乘 2，左下三角的元素置为 0。如矩阵 a 经处理后变为矩阵 b。程序运行结果如图 10－7 所示。

$$\begin{bmatrix}1 & 9 & 7\\ 2 & 3 & 8\\ 4 & 5 & 6\end{bmatrix} \qquad \begin{bmatrix}2 & 18 & 14\\ 0 & 6 & 16\\ 0 & 0 & 12\end{bmatrix}$$

矩阵a　　　　　　矩阵b

【算法提示】 当行号小于等于列号时为右上三角，反之则为左下三角的元素。

```
int main()
{
    /******* 在此写入代码*******/



    /******* 在此写入代码*******/
        return 0;
}
```

"D:\实验十 二维数组程序设计\Debug\10_10.exe"
array is :
1 9 7
2 3 8
4 5 6
The result is :
2 18 14
0 6 16
0 0 12
Press any key to continue

图 10－7　程序运行结果

【思考】 其他关于矩阵的运算，如转置、两矩阵相乘等如何采用 C 语言实现？

10－11　打印出如图 10－8 所示的杨辉三角（要求打印出前 10 行）。

【算法提示】 杨辉三角的特点是：第 1 列和对角线上的元素为 1，其他各元素的值都是上一行上一列元素和上一行前一列元素之和。

```
int main ()
{
        /******* 在此写入代码*******/


        /******* 在此写入代码*******/
    return 0;
}
```

```
"D:\实验十 二维数组程序设计\Debug\10_11.exe"
  1
  1   1
  1   2   1
  1   3   3   1
  1   4   6   4   1
  1   5  10  10   5   1
  1   6  15  20  15   6   1
  1   7  21  35  35  21   7   1
  1   8  28  56  70  56  28   8   1
  1   9  36  84 126 126  84  36   9   1
Press any key to continue
```

图 10－8　程序运行结果

【思考】 该程序如何完成数据的输出？

习　题

1. 已知 A 是一个 4×2 阶矩阵，B 是一个 2×3 阶矩阵，计算 A 和 B 的乘积。

2. 输出 4×4 阶矩阵的主次对角线元素之和。

3. 编写程序。将二维数组 a[N][M]中每个元素向右移一列，最右一列换到最左一列，移动后的数组存到另一个二维数组 b 中，原数组保持不变。例如，

$$a=\begin{vmatrix}4 & 5 & 6\\1 & 2 & 3\end{vmatrix},\ b=\begin{vmatrix}6 & 4 & 5\\3 & 1 & 2\end{vmatrix}。$$

实验十一　指　针

一、实验目的和要求

1. 掌握指针的概念，会定义和使用指针变量；
2. 了解和掌握指针与数组的关系，指针与数组有关的算术运算、比较运算；
3. 学会用指针作为函数参数的方法。

二、实验内容

（一）阅读程序，写出运行结果

11－1　以下程序运行后的输出结果是________。

【算法提示】　程序中交换两个指针变量的值。

```
#include <stdio.h>
int main()
{
    int   *p1,*p2,*p,a,b;
    scanf("%d%d",&a,&b);
    p1=&a;p2=&b;
    if(a<b)
    {
        p=p1;
        p1=p2;
        p2=p;
    }
    printf("a=%d,b=%d\n",a,b);
    printf("max=%d,min=%d\n",*p1,*p2);
    return 0;
}
```

【思考】　如何通过指针变量改变整型 a 与 b 的值？

11－2　将上面的程序改写成函数的形式，程序运行后的输出结果是________。

【算法提示】　使用函数交换指针。

```
#include <stdio.h>
void swap(int*p1,int*p2)
{
     int  *p;
     if(*p1<*p2)
     {
          p=p1;
          p1=p2;
          p2=p;
     }
}
int main()
{
     int  *p1,*p2,*p,a,b;
     scanf("%d%d",&a,&b);
     p1=&a;p2=&b;
     swap(p1,p2);
     printf("a=%d,b=%d\n",a,b);
     printf("max=%d,min=%d\n",*p1,*p2);
     return 0;
}
```

【思考】 运行程序,分析各输出值。

11-3 以下程序运行后的输出结果是________。

【算法提示】 使用指针作为函数的参数,在函数中交换的是指针所指向的值。

```
#include <stdio.h>
void swap(int  *p1,int*p2)
{
     int t;
     if(*p1<*p2)
     {
          t=*p1;
          *p1=*p2;
          *p2=t;
     }
}
int main()
{
     int  *p1,*p2,*p,a,b;
```

```
    scanf("%d%d",&a,&b);
    p1=&a;p2=&b;
    swap(p1,p2);
    printf("a=%d,b=%d\n",a,b);
    printf("max=%d,min=%d\n",*p1,*p2);
    return 0;
}
```

【思考】 运行程序分析变量a,b,*p1,*p2值的变化。

11-4 以下程序运行后的输出结果是________。

【算法提示】 使用指针指向数组的某一个元素。

```
#include <stdio.h>
int main()
{
    int a []={5,8,7,6,2,7,3};
    int y,*p=&a[1];
    y=(*--p)++;
    printf("%d\t",y);
    printf("%d\n",a[0]);
    return 0;
}
```

【思考】 *p++与(*p)++的区别是什么？

（二）程序填空

11-5 求两个形参的乘积和商数，并通过形参返回调用程序。程序运行结果如图11-1所示。完成相关程序代码，并使其输出正确结果。

【算法提示】 通过指针，改变形参的值从而改变实参的值。

```
#include <stdio.h>
void fun (___①___)
{
    ___②___=a* b;
    ___③___=a/b;
}
main ()
{
    double a,b,c,d;
    printf ("Enter a,b:");
    scanf ("%lf%lf",&a,&b);
    fun (a,b,&c,&d);
```

```
    printf ("c=%f d=%f\n",c,d);
}
```

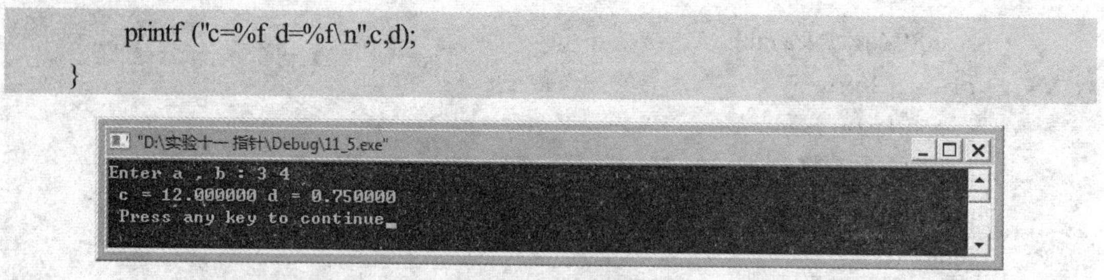

图 11-1　程序运行结果

【思考】 该程序中 fun 函数无返回值，但实现数据的传递，是如何实现的？

11-6 使用指针作为函数的参数，求出一维数组 a 中的元素最大值及其下标。程序的运行结果如图 11-2 所示。完成相关程序代码，并使其输出正确结果。

【算法提示】 使用指针作为函数的参数可以实现函数间多值的传递。

```
#include <stdio.h>
int fun(int  *x,int n,int  *t)
{
    int max,i;
    max=*x;
    for(i=1;i<n;i++)
        if(*(x+i)>max)
        {
            ___①___
            ___②___
        }
        ___③___
}
int main()
{
    int a[8],i,index,max;
    for(i=0;i<8;i++)
        scanf("%d",&a[i]);
    max=fun(a,8,&index);
    printf("max=%d index=%d\n",max,index);
    return 0;
}
```

图 11-2　程序运行结果

【思考】 指针作为函数参数是如何实现多值传递的？

（三）程序改错

11-7 下面程序的功能是：将一个整数 s 中每一位为偶数的数依次取出，构成一个新数放在 t 中。高位仍在高位，低位仍在低位。请改正程序中的错误，使其能输出正确结果。程序运行结果如图 11-3 所示。

【算法提示】 该程序有 3 处错误。

```
#include <stdio.h>
void fun(long s,long*t)
{
    int d;
    long sl=1;
    t=0;
    while(s>0)
    {
        d=s%10;
        if(d%2==0)
        {
            t=d*sl+*t;
            sl*=10;
        }
        s/=10;
    }
}
int main()
{
    long s,t;
    printf("please input a number:");
    scanf("%ld",&s);
    fun(s,t);
    printf("The result is %ld\n",t);
    return 0;
}
```

图 11-3　程序运行结果

【思考】 程序中是如何提取偶数数字的？

11－8 在一个一维整型数组中找出其中最小的数及其下标。程序运行结果如图 11－4 所示。

【算法提示】 设置一个变量存储最小值，并将其初始化为数组中第一个元素的值。其他元素与之比较，若比该数小，则将该元素赋给该数，并记录其下标，直至比较数组中所有元素。

```
#include <stdio.h>
#define N 10
int fun(int*a,*b,int n)
{
    int*c,min=*a;
    for(c=a+1;c<a+n;c++)
        if(*c>min)
        {
            min=*c;
            b=c-a;
        }
    return min;
}

main()
{
    int a[N],i,min,p=0;
    printf("please enter 10 integers:\n");
    for(i=0;i<N;i++)
        scanf("%d",&a[i]);
    min=fun(a,p,N);
    printf("min=%d,position=%d",min,p);
}
```

图 11－4 程序运行结果

【思考】 程序中是如何得到最大值下标的？

（四）程序设计

11－9　判断两个指针所指存储单元中的值的符号是否相同；若相同函数返回1，否则返回0。这两个存储单元中的值都不为0。程序运行结果如图11－5所示。完成相关程序代码，使其能输出正确结果。

【算法提示】　可将两数相乘，若大于0，则符号相同，否则两数符号不同。

```
#include <stdio.h>
int fun (double  *a, double  *b)
{
/******* 在此写入代码*******/



/******* 在此写入代码*******/
}

main()
{
    double n,m;
    printf ("Enter n,m:");
    scanf ("%lf%lf",&n,&m);
    printf("\nThe value of function is: %d\n",fun (&n,&m));
}
```

图11－5　程序运行结果

【思考】　该程序是如何使用指针实现函数间数据传递的？

11－10　编程实现：将两个正整数x、y合并形成一个整数放在z中。合并的方式是：将x数的十位数和个位数依次放在z数的百位和个位上，y数的十位数和个位数依次放在z数的千位和十位上，请编写相关程序。程序运行结果如图11－6所示。

【算法提示】　分别采用对x和y除10、余10的方法将其个位数和十位数提取出来。

```
#include <stdio.h>
void fun(int x,int y,long  *z)
{
```

```
    /******* 在此写入代码*******/



/******* 在此写入代码*******/
}
int main()
{
    int x,y;
    long z;
    scanf("%d%d",&x,&y);
    fun(x,y,&z);
    printf("The reuslt is %d\n",z);
    return 0;
}
```

图 11 - 6 程序运行结果

【思考】 函数 fun 无返回值，该程序是如何使用指针实现函数间数据传递的？

11 - 11 求出 a 数组中最大数和次最大数(规定最大数和次最大数不在 a[0]和 a[1]中)，依次和 a[0]、a[1]中的数对调。程序运行结果如图 11 - 7 所示。

【算法提示】 分别定义变量存储最大值、次最大值及其下标，并分别与第 1 个值和第 2 个值交换。

```
#include <stdio.h>
#define N 10
void fun (int  *a, int n)
{
    int k,m1,m2,max1,max2,t;
    max1=max2=-32768;m1=m2=0;
    /******* 在此写入代码*******/


```

```
    /******* 在此写入代码*******/
}
int main()
{
    int    b[N],i;
    for (i=0;i<N;i++)
        scanf("%d",&b[i]);
    printf("\n");
    fun (b,N);
    for (i=0;i<N;i++)
        printf("%d",b[i]);
    printf("\n");
    return 0;
}
```

图 11-7　程序运行结果

【思考】 程序如何求出最大值、次最大值并实现与第 1、第 2 个数交换的？

习　题

1. 编写一个程序。输入 3 个整数，将它们按由小到大的顺序输出，程序要求使用指针完成。
2. 为一维数组输入 10 个整数，将其中最小的数与第一个数对换，将最大的数与最后一个数对换，并输出数组元素。（要求用指针实现）
3. 用指针作为函数的参数实现，将一个数的最高位和最低位相除，剩下的数按原来从高位到低位的顺序组成一个新数，并通过形参指针传回所指变量。例如，输入数据为 34578，则新数为 457。

实验十二 指针和数组（一）

一、实验目的和要求

1. 熟练掌握通过指针引用一维数组元素；
2. 熟练掌握通过指针引用二维数组元素；
3. 指针作为函数参数的传递。

二、实验内容

（一）阅读程序，写出程序的运行结果

12-1 分析下列程序的结果，并思考产生结果的原因。写出程序的运行结果________。

```
#include<stdio.h>
int main()
{
    int (*p)[4];
    int a[4]={11,22,33,44};
    int b[2][2]={11,22,33,44};
    int *m[4]={&a[0],&a[1],&a[2],&a[3]};
    p=&a;
    printf("%d\n",*(*p+1));
    printf("%d\n",**p+1);
    printf("%d\n",**(p+1));
    printf("%d\n",*m);
    printf("%d\n",*(*m+1));
    printf("%d\n",**m+1);
    printf("%d\n",**(m+1));
    return 0;
}
```

12-2 分析下列程序的结果，并思考产生结果的原因。写出程序的运行结果________。

```
#include <stdio.h>
int main()
{
```

```
    int x[3][4]={1,3,5,7,9,11,2,4,6,8,10,12};
    int (*p)[4]=x,k=1,m,n=0;
    for(m=0;m<2;m++)
        n+=*(*(p+m)+k);
    printf("%d\n",n);
    return 0;
}
```

12-3　分析下列程序的结果,并思考产生结果的原因。写出程序的运行结果________。

```
#include<stdio.h>
int main()
{
    int h[]={101,102,103,104};
    int i;
    float x[]={11.9,12.1,12.9,13.1};
    char *p[]={"王华","张建","李伟","华明"};
    printf("序号　姓名　100米成绩\n");
    for(i=0;i<=3;i++)
    {
        printf("%d,　%s,%4.1f秒\n",h[i],p[i],x[i]);
    }
    return 0;
}
```

12-4　分析下列程序的结果,并思考产生结果的原因。写出程序的运行结果________。

```
#include<stdio.h>
int main()
{
    char *jiangpai[]={"金牌","银牌","铜牌","安慰"};
    char **xm;
    int j;
    xm=jiangpai;
    for(j=0;j<=3;j++)
    {
        printf("%s,%s\n",jiangpai[j],*xm);
        xm=xm+1;
    }
    return 0;
}
```

(二)程序填空

12-5 给定程序中,函数 fun 的功能是:调用随机函数产生 20 个互不相同的整数放在形参 a 所指数组中(此数组在主函数中已置为 0)。程序运行结果如图 12-1 所示。

```
#include  <stdlib.h>
#include  <stdio.h>
#define   N   20
void   fun( int   *a)
{
    int   i,x,n=0;
    x=rand()%20;
    while (n<___①___)                    //提示:循环什么时候结束,根据题目要求
    {
        for(i=0;i<n;i++)
            if( x==a[i] )
                ___②___;
//提示:如何判断生成的一个数字在数组中是否存在,如果不存在,再把这个数放到 x
数组中。
    if( i==___③___)
    {
        a[n]=x;
        n++;
    }
    x=rand()%20;
  }
}
int main()
{
    int   x[N]={0},i;
    fun( x );                  //函数调用,产生 20 个互不相同的数存放在 x 数组中
    printf("The result :   \n");
    for( i=0;i<N;i++)          //输出数组里的数,一行 5 个数
    {
        printf("%4d",x[i]);
        if((i+1)%5==0)
            printf("\n");
    }
    return 0;
}
```

```
The result :
   1   7  14   0   9
   4  18   2   5  11
  15  16  13  12   6
  19   3   8  17  10
Press any key to continue
```

图 12-1　程序运行结果

12-6　下列给定程序中，函数 fun 的功能是：把形参 a 所指数组中的奇数按原顺序依次存放到 a[0]、a[1]、a[2]、……中，把偶数从数组中删除，奇数个数通过函数值返回。例如，若 a 所指数组中的数据最初排列为：9、1、4、2、3、6、5、8、7，删除偶数后 a 所指数组中的数据为：9、1、3、5、7，返回值为 5。程序运行结果如图 12-2 所示。

```
#include    <stdio.h>
#define    N    9
int fun(int   a[],int   n)
{
    int   i,j;
    j=0;
    for (i=0;i<n;i++)
        if (a[i]%2==___①___)        //如何判断一个数的奇偶性,数组里保存哪种数?
        {
            //把需要的数存放到数组中,即删除不要的数,同时数组下标发生变化
            a[j]=a[i];
            ___②___;
        }
    return ___③___;
}
int main()
{
    int   b[N]={9,1,4,2,3,6,5,8,7},i,n;
    printf("The original data   :\n");        //输出原数组里的数
    for (i=0;i<N;i++)
        printf("%4d ",b[i]);
    printf("\n");
    n=fun(b,N);              //函数调用,返回数组中奇数的个数
    printf("The number of odd   : %d \n",n);
    printf("The odd number   :\n");        //输出删除后数组里的数
    for (i=0;i<n;i++)
        printf("%4d ",b[i]);
```

```
    printf("\n");
    return 0;
}
```

```
"D:\实验十二 指针和数组(一)\Debug\12_6.exe"
The original data  :
   9    1    4    2    3    6    5    8    7
The number of odd  : 5
The odd number   :
   9    1    3    5    7
Press any key to continue
```

图 12-2　程序运行结果

【思考】 如果保留偶数呢？如果保留能被 3 或 7 整除的数呢？

12-7　给定程序中，函数 fun 的功能是：找出 N×N 矩阵中每列元素中的最大值，并按顺序依次存放于形参 b 所指的一维数组中。程序运行结果如图 12-3 所示。

[源程序]

```
#include  <stdio.h>
#define  N  4
void fun(int  (*a)[N],int  *b)
{
    int  i,j;
    for(i=0;i<N;i++)
    {
        b[i]=___①___;
        for(j=1;j<N;j++)
            if(b[i]___②___ a[j][i])
                b[i]=a[j][i];
    }
}
int main()
{
    int  x[N][N]={ {12,5,8,7},{6,1,9,3},{1,2,3,4},{2,8,4,3} },y[N],i,j;
    printf("The matrix :\n");            //输出 x 数组中的数
    for(i=0;i<N;i++)
    {
        for(j=0;j<N;j++)
            printf("%4d",x[i][j]);
        printf("\n");
    }
    fun(___③___);                      //函数调用,注意实参的写法
```

```
    printf("The result is:");          //输出 y 数组中的数
    for(i=0;i<N;i++)
        printf("%3d",y[i]);
    printf("\n");
    return 0;
}
```

```
"D:\实验十二 指针和数组（一）\Debug\12_7.exe"
The matrix :
 12  5  8  7
  6  1  9  3
  1  2  3  4
  2  8  4  3
The result is: 12  8  9  7
Press any key to continue
```

图 12－3　程序运行结果

【思考】 如果求行的最大值呢？如果要求行的最大值同时也是列的最小值呢？

（三）程序改错

12－8 下列给定程序中函数 fun 的功能是：从整数 10 到 55 之间，查找能被 3 整除且有一位上的数值是 5 的数，把这些数放在 b 所指的数组中，这些数的个数作为函数值返回。规定函数中 a1 放个位数，a2 放十位数。程序的运行结果如图 12－4 所示。

[源程序]

```
#include <stdio.h>
int fun( int  *b )
{
    int   k,a1,a2,i=0;
    for(k=10;k<=55;k++)
    {
        /************found************/
        a2=k/1O;                        //注意 0 和 O 的区别，1 和 l 的区别
        a1=k-a2*10;
        if((k%3==0 && a2==5)||(k%3==0 && a1==5))
        {
            b[i]=k;
            i++;
        }
    }
    /************found************/
    return  k;
```

```
}
intmain( )
{
	int	a[100],k,m;
	m=fun( a );
	printf("The result is :\n");
	for(k=0;k<m;k++)
		printf("%4d",a[k]);
	printf("\n");
	return 0;
}
```

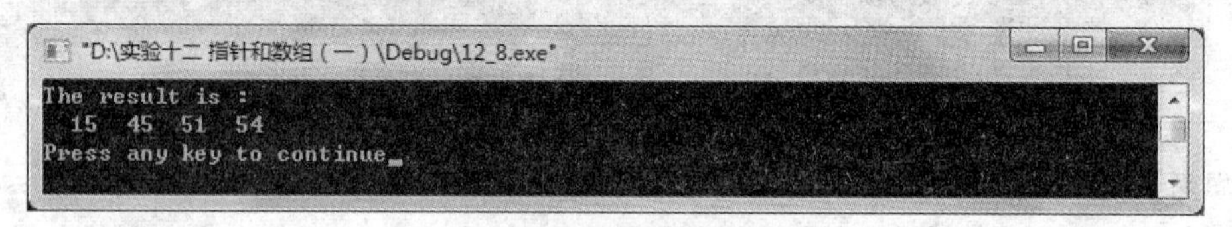

图 12-4　程序运行结果

【思考】 如果所求的范围是 1 到 1000 呢？

12-9 假定整数数列中的数不重复，并存放在数组中。下列给定程序中函数 fun 的功能是：删除数列中值为 x 的元素。变量 n 中存放数列中元素的个数。程序的运行结果如图 12-5所示。

[源程序]

```
#include <stdio.h>
#define	N	20
int fun(int *a,int n,int x)
{
	int	p=0,i;
	a[n]=x;
	while( x!=a[p] )
		p=p+1;
	/**********found**********/
	if(P==n)
		return-1;
	else
	{
		for(i=p;i<n-1;i++)
	/**********found**********/
			a[i+1]=a[i];
```

```
            return n-1;
        }
    }
    int main()
    {
        int    w[N]={-3,0,1,5,7,99,10,15,30,90},x,n,i;
        n=10;
        printf("The original data :\n");
        for(i=0;i<n;i++)
            printf("%5d",w[i]);
        printf("\nInput x (to delete): ");
        scanf("%d",&x);
        printf("Delete   :   %d\n",x);
        n=fun(w,n,x);
        if ( n==-1 )
            printf("***  Not be found!***\n");
        else
        {
            printf("The data after deleted:\n");
            for(i=0;i<n;i++)
                printf("%5d",w[i]);printf("\n");
        }
    }
```

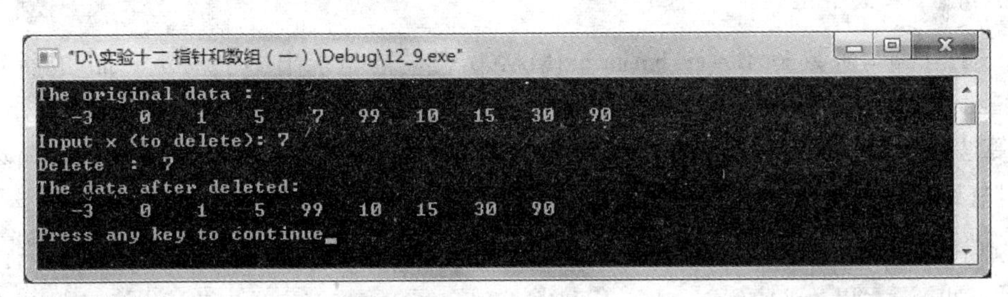

图 12-5　程序运行结果

【思考】 如果要在开头或者末尾插入一个新元素呢(如果此数已经存在就不要插入)?

(四) 程序设计

12-10 请编写一个函数 int fun(int *s, int t, int *k),用来求出数组的最大元素在数组中的下标并存放在 k 所指向的存储单元中。例如,输入如下整数:876　675　896　101　301　401　980　431　451　777,则输出结果为 6,980。程序运行结果如图 12-6 所示。

【算法提示】 本题直接使用指针变量 k,使用时要注意对 k 进行指针运算。程序一开始让 k 指向数组中的第一个元素,即*k=0。

[部分源程序]

```
#include <conio.h>
#include <stdio.h>
#include <stdlib.h>
int fun(int *s,int t,int *k)
{
    /******* 在此写入代码*******/

    /******* 在此写入代码*******/
}
int main()
{
    int a[10]={ 876,675,896,101,301,401,980,431,451,777},k;
    fun(a,10,&k);
    printf("%d,%d\n ",k,a[k]);
    return 0;
}
```

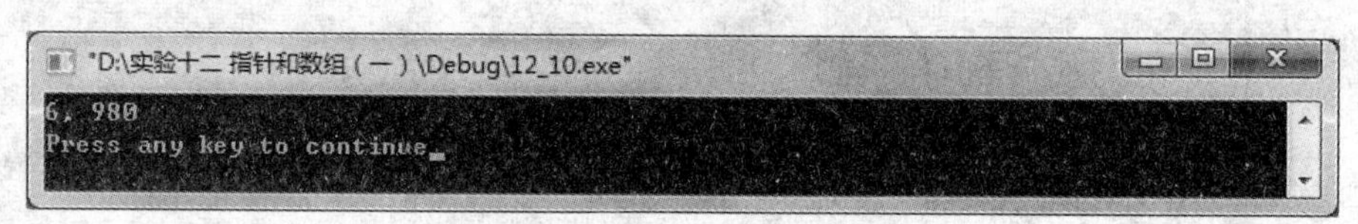

图 12－6　程序运行结果

【思考】 求最小值呢？

12－11　编写函数 int fun(int lim,int aa[MAX])，其功能是求出小于或等于 lim 的所有素数并放在 aa 数组中，并返回所求出的素数的个数。程序运行结果如图 12－7 所示。

【算法提示】 本程序使用 for 循环语句查找小于 lim 的所有素数，使用内嵌的循环判断语句判断该数是否为素数？需要重点掌握素数的判定方法。

```
for(j=2;j<n;j++)
    if(n%j==0) break;
```

[部分源程序]

```
#include<conio.h>
#include<stdio.h>
#include<stdlib.h>
#define MAX 100
int fun(int lim,int aa[MAX])
```

```
{
    /******* 在此写入代码*******/

    /******* 在此写入代码*******/
}
int main()
{
    int limit,i,sum;
    int aa[MAX];
    printf("输入一个整数:");
    scanf("%d",&limit);
    sum=fun(limit,aa);
    for(i=0;i<sum;i++)
    {
        if(i%10==0&&i!=0)             /*每行输出 10 个数*/
            printf("\n");
        printf("%5d",aa[i]);
    }
    printf("\n");
    return 0;
}
```

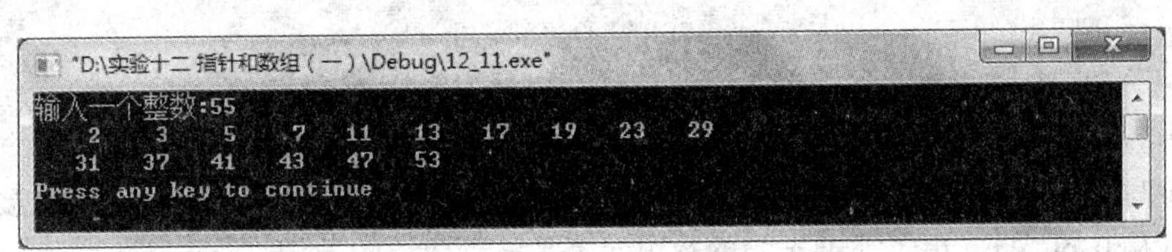

图 12-7　程序运行结果

【思考】 如果要保存非素数呢?

习　题

1. 请编写函数 fun,其功能是:找出一维整型数组元素中最大值及其所在的下标,并通过形参传回。数组元素中的值已在主函数中赋予。主函数中 x 是数组名,n 是 x 中的数据个数,max 存放最大值,index 存放最大值所在元素的下标。

```
#include<stdlib.h>
#include<stdio.h>
#include<time.h>
void fun(int a[],int n,int *max,int *d)
{
    /******* 在此写入代码*******/

    /******* 在此写入代码*******/
}
int main()
{
    int i,x[20],max,index,n=10;
    int y[20]={4,2,6,8,11,5};
    srand((unsigned)time(NULL));
    for(i=0;i<n;i++)
    {
        x[i]=rand()%50;
        printf("%4d",x[i]);            /*输出一个随机数组*/
    }
    printf("\n");
    fun(x,n,&max,&index);
    printf("Max=%5d,Index=%4d\n",max,index);
    return 0;
}
```

2. 请编写函数 fun，函数的功能是：移动一维数组中的内容，若数组中有 n 个整数，要求把下标从 0~p（含 p,p 小于等于 n-1）的数组元素平移到数组的最后。

例如，一维数组中的原始内容：1,2,3,4,5,6,7,8,9,10，p 的值为 3。移动后,一维数组中的内容应为：5,6,7,8,9,10,1,2,3,4。

```
#include <stdio.h>
#define     N     80
void   fun(int   *w,int   p,int   n)
{
    /******* 在此写入代码*******/

    /******* 在此写入代码*******/
}
int main()
```

```
{
    int   a[N]={1,2,3,4,5,6,7,8,9,10,11,12,13,14,15};
    int   i,p,n=15;
    printf("The original data:\n");
    for(i=0;i<n;i++)
        printf("%3d",a[i]);
    printf("\n\nEnter   p:   ");
    scanf("%d",&p);
    fun(a,p,n);
    printf("\nThe data after moving:\n");
    for(i=0;i<n;i++)
        printf("%3d",a[i]);
    return 0;
}
```

实验十三 指针和数组（二）

一、实验目的和要求

1. 掌握指针作为函数参数的传递；
2. 掌握指向函数的指针；
3. 掌握返回指针值的函数；
4. 掌握指向指针的指针；
5. 掌握动态空间的申请。

二、实验内容

（一）阅读程序，写出程序的运行结果

13-1 分析下列程序的结果，并思考产生结果的原因。写出程序的运行结果________。

```
#include <stdio.h>
int  *sum(int data)
{
    static int init=0;
    init+=data;
    return &init;
}
int main()
{
    int i,*p;
    for (i=1;i<=4;i++)
        sum(i);
    p=sum(0);
    printf("%d\n",*p);
    return 0;
}
```

13-2 分析下列程序的结果，并思考产生结果的原因。写出程序的运行结果________。

```
#include <stdio.h>
int  k=7;
```

```
void f(int  **s)
{
    int  *t=&k;
    *s=t;
    printf("%d,%d,%d,",k,*t,**s);
}
int main()
{
    int  i=3,*p=&i,**r=&p;
    f(r);
    printf("%d,%d,%d\n",i,*p,**r);
    return 0;
}
```

13-3　分析下列程序的结果，并思考产生结果的原因。写出程序的运行结果________。

```
#include <stdio.h>
int  *f(int  *s,int  *t)
{
    int  *k;
    if (*s < *t)
    {
        k=s;
        s=t;
        t=k;
    }
    return  s;
}
int main()
{
    int  i=3,j=5,*p=&i,*q=&j,*r;
    r=f(p,q);
    printf("%d,%d,%d,%d,%d\n",i,j,*p,*q,*r);
    return 0;
}
```

(二) 程序填空

13-4　以下给定程序代码中，函数 fun 的功能是用函数指针指向要调用的函数，并进行调用。当程序正确调用时，程序输出：x1=5.000000,x2=3.000000,x1×x1+x1×x2=40.000000。程序的运行结果如图 13－1 所示。

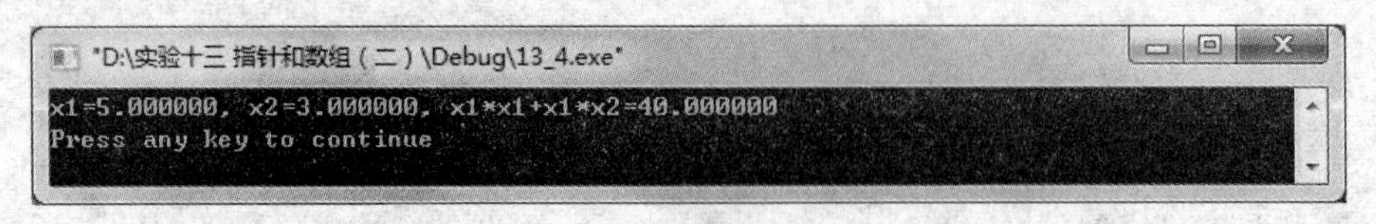

图 13－1　程序运行结果

【算法提示】 (1) 指向函数的指针变量的一般定义形式为：数据类型(* 指针变量名)()。

(2) 函数的调用可以通过函数名调用，也可以通过函数指针调用。

(3) 在给函数指针变量赋值时，只需给出函数名而不必给出参数。

```
# include  <stdio.h>
double f1(double x)
{
    return x*x;
}
double f2(double x,double y)
{
    return x*y;
}
double fun(double x,double y)
{
    ___①___(*f)();
    double r1,r2;
    f=___②___;
    r1=f(x);
    f=___③___;
    r2=(*f)(x,y);
    return r1+r2;
}
int main()
{
    double x1=5,x2=3,r;
    r=fun(x1,x2);
    printf("x1=%f,x2=%f,x1*x1+x1*x2=%f\n",x1,x2,r);
    return 0;
}
```

13－5　此程序的作用是求三个数中最小的数，用函数指针实现。程序执行结果如图 13－2 所示。

```
#include<stdio.h>
int main()
{
    int min(int,int);
    int a,b,c,d;
    ___①___;
    printf("请输入三个数:");
    scanf("%d,%d,%d",&a,&b,&c);
    d=(*p)(a,b);
    d=___②___;
    printf("%d\n",d);
    return 0;
}
int min(int x,int y)
{
    int z;
    z=x<y? x:y;
    return z;
}
```

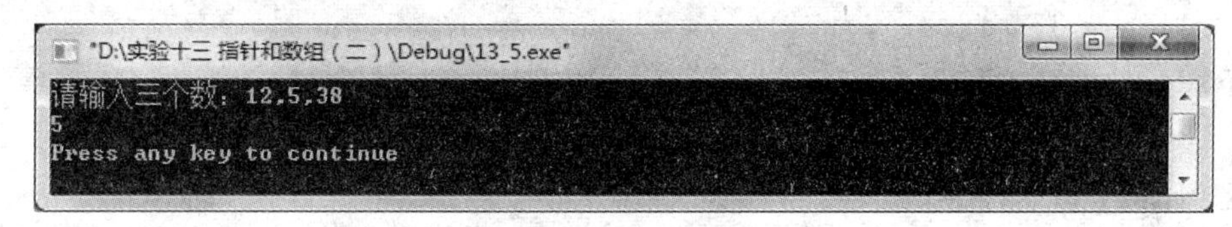

图 13-2　程序执行结果

(三) 程序改错

13-6　程序的功能是使用指针的指针输出数组元素。程序运行结果如图 13-3 所示。

```
#include<stdio.h>
int main()
{
    int a[5]={1,3,5,7,9};
    int *b[5]={&a[0],&a[1],&a[2],&a[3],&a[4]};
    int **p,i;
    /************found************/
    p=a;
    for(i=0;i<5;i++)
    {
```

```
        /************found************/
        printf("%d ",*p);
        p++;
    }
    printf("\n");
    return 0;
}
```

```
"D:\实验十三 指针和数组(二)\Debug\13_6.exe"
1 3 5 7 9
Press any key to continue
```

图 13-3 程序运行结果

13-7 下列给定程序中,函数 fun 的功能是:根据形参 m 的值(2≤m≤9),在 m 行 m 列的二维数组中存放如下所示规律的数据,由 main 函数输出。程序运行结果如图 13-4 所示。

例如,若输入 2,则输出:

```
1  2
2  4
```

又若输入 4,则输出:

```
1  2   3   4
2  4   6   8
3  6   9  12
4  8  12  16
```

```
#include <conio.h>
#include <stdio.h>
#define  M 10
int  a[M][M]={0};
/**************found**************/
void fun(int **a,int m)
{
    int j,k;
    for (j=0;j<m;j++)
    for (k=0;k<m;k++)
        /**************found**************/
        a[j][k]=k *j;
}
intmain ( )
{   int  i,j,n;
```

```
        printf ( " Enter n : " );
        scanf ("%d",&n );
        fun ( a,n );
        for ( i=0;i < n;i++)
        {
            for (j=0;j < n;j++)
                printf ( "%4d",a[i][j] );
            printf ( "\n" );
        }
        return 0;
}
```

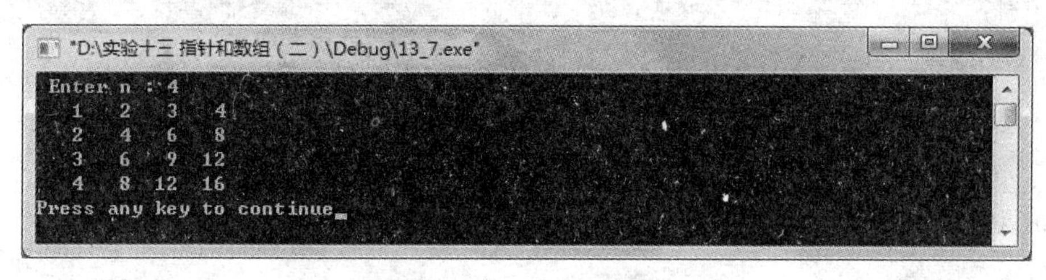

图 13－4　程序运行结果

（四）程序设计

13－8　用指向指针的指针的方法实现 n 个整数排序并输出。要求将排序单独写成一个函数。程序运行结果如图 13－5 所示。

```
#include<stdio.h>
int main()
{
    void sort(int    **p,int n);
    int i,n,digit[20],**p,*ptr[20];
    printf("请输入 n:");
    scanf("%d",&n);
    for(i=0;i<n;i++)
        ptr[i]=&digit[i];                //将第 i 个整数地址赋予指针数组 ptr 的第 i 个元素
    printf("请输入%d 个整数:",n);
    for(i=0;i<n;i++)
        scanf("%d",ptr[i]);
    p=ptr;
    sort(p,n);
    printf("排序后的序列为:\n");
    for(i=0;i<n;i++)
```

```
            printf("%d ",*ptr[i]);
        printf("\n");
        return 0;
}
void sort(int **p,int n)
{
        /******* 在此写入代码*******/

        /******* 在此写入代码*******/
}
```

"D:\实验十三 指针和数组（二）\Debug\13_8.exe"

```
请输入n：5
请输入5个整数：12 34 13 56 24
排序后的序列为：
12 13 24 34 56
Press any key to continue
```

图 13-5　程序运行结果

13-9　请编写一个函数 void fun(int tt[M][N],int pp[N])，其中，tt 指向一个 M 行 N 列的二维数组，求出二维数组每列中最大元素，并依次放入 pp 所指的一维数组中。二维数组中的数已在主函数中给出。程序运行结果如图 13-6 所示。

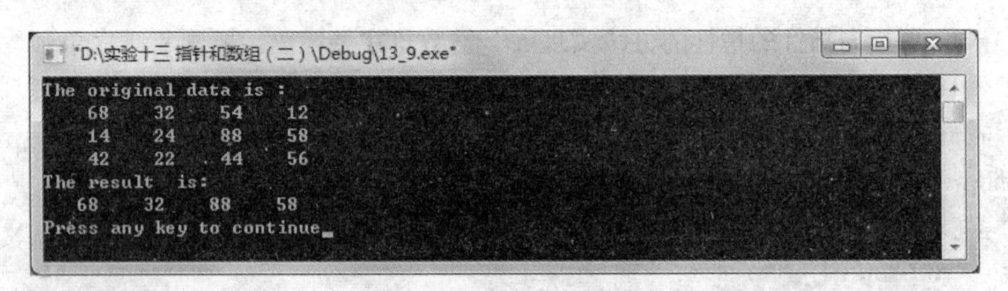

图 13-6　程序运行结果

【算法提示】　本题中函数的功能是求出二维数组中每列的最大元素。首先，假设各列中的第一个元素为最大值；然后，利用移动行标值来依次取得各列中其他元素的值，并与假设的最大值进行比较，如果遇到更大的，则把这个更大的元素看作当前该列中最大值元素，继续与该列中其他元素进行比较。

```
#include    <conio.h>
#include    <stdio.h>
#include<stdlib.h>
#define  M  3
#define  N  4
void fun(int  tt[M][N],int  pp[N])
```

```
{
    /******* 在此写入代码*******/

    /******* 在此写入代码*******/
}
intmain( )
{
    int t[M][N]={{68,32,54,12},{14,24,88,58},{42,22,44,56}};
    int  p [ N ],  i,  j,  k;
    printf ( "The original data is : \n" );
    for( i=0;i<M;i++)
    {
        for( j=0;j<N;j++)
            printf ( "%6d",t[i][j] );
        printf("\n");
    }
    fun ( t,p );
    printf( "The result  is:\n" );
    for ( k=0;k<N;k++)
        printf ( " %4d ",p[ k ] );
    printf("\n");
    return 0;
}
```

【思考】 如果要求每行元素的最大值呢?

习　题

1. 请编写函数 fun,该函数的功能是:将 M 行 N 列的二维数组中的数据,按列的顺序依次放到一维数组中。一维数组中数据的个数存放在形参 n 所指的存储单元中。

例如,若二维数组中的数据为

```
33  33  33  33
44  44  44  44
55  55  55  55
```

则一维数组中的内容应是:33　44　55　33　44　55　33　44　55　33　44　55

```
#include <stdio.h>
void fun (int (*s)[10],int *b,int *n,int mm,int nn)
{
    /******* 在此写入代码*******/


    /******* 在此写入代码*******/
}
int main()
{
    int w[10][10]={{33,33,33,33},{44,44,44,44},{55,55,55,55}},i,j;
    int a[100]={0},n=0;
    printf("The matrix:\n");
    for (i=0;i<3;i++)
    {
        for (j=0;j<4;j++)
            printf("%3d",w[i][j]);
        printf("\n");
    }
    fun(w,a,&n,3,4);
    return 0;
}
```

实验十四　字符串

一、实验目的和要求

1. 熟练掌握用字符数组表示字符串的方法；
2. 熟练掌握字符串常用函数的使用；
3. 熟练掌握用指针表示字符串的方法。

二、实验内容

（一）阅读程序，写出程序的运行结果

14－1　分析下列程序的结果，并思考产生结果的原因。写出程序的运行结果________。

```
#include <stdio.h>
#include <string.h>
int main()
{
    char p1[80]="NanJing",p2[20]="Young",*p3="Olympic";
    strcpy(p1,strcat(p2,p3));
    printf("%s\n",p1);
    return 0;
}
```

14－2　分析下列程序的结果，并思考产生结果的原因。写出程序的运行结果________。

```
#include <stdio.h>
int main()
{
    char *s={"ABC"};
    do
    {
        printf("%d",*s%10);
        s++;
    }while(*s);
    return 0;
}
```

14-3 分析下列程序的结果，并思考产生结果的原因。写出程序的运行结果________。

```
#include <stdio.h>
int main()
{
    char *a[]={"abcd","ef","gh","ijk"};
    int i;
    for(i=0;i<4;i++)
        printf("%c",*a[i]);
    return 0;
}
```

14-4 分析下列程序的结果，并思考产生结果的原因。写出程序的运行结果________。

```
#include<stdio.h>
#include<string.h>
int main()
{
    int i=0,n=0;
    char s[80],*p;
    strcpy(s,"It is a book.");
    for(p=s;p!='\0';p++)
        if(*p==' ')
            i=0;
        else
            if(i==0)
            {
                n++;
                i=1;
            }
    printf("%d\n",n);
    return 0;
}
```

14-5 分析下列程序的结果，并思考产生结果的原因。写出程序的运行结果________。

```
#include <stdio.h>
void fun(char *p1,char *p2);
int main()
{
    int i;
    char a[]="54321";
    puts(a+2);
```

```
    fun(a,a+4);
    puts(a);
    return 0;
}
void fun(char *p1,char *p2)
{
    char t;
    while(p1<p2)
    {
        t=*p1;
        *p1=*p2;
        *p2=t;
        p1+=2,p2-=2;
    }
}
```

（二）程序填空

14-6　给定程序中，函数 fun 的功能是：将 a 和 b 所指的两个字符串分别转换成面值相同的整数，并进行相加作为函数值返回，规定字符串中只含 9 个以下数字字符。程序运行结果如图 14-1 所示。

图 14-1　程序运行结果

例如，主函数中输入字符串"32486"和"12345"，在主函数中输出的函数值为 44831。

```
#include <stdio.h>
#include <string.h>
#include <ctype.h>
#define N 9
long ctod( char *s )
{
    long d=0;
    while(*s)
    if(isdigit( *s))
    {
        /**********found**********/
```

```
            d=d*10+*s-___①___;
            /**********found**********/
            ___②___;
        }
        return   d;
}
long   fun( char   *a,char   *b )
{
        /**********found**********/
        return ___③___;
}
int main()
{
        char   s1[N],s2[N];
        do
        {
            printf("Input   string   s1 : ");
            gets(s1);
        }while( strlen(s1)>N );
        do
        {
            printf("Input   string   s2 : ");
            gets(s2);
        } while( strlen(s2)>N );
        printf("The result is:   %ld\n",fun(s1,s2) );
        retrun 0;
}
```

14-7 下列给定程序中，函数 fun 的功能是：在形参 ss 所指字符串数组中查找与形参 t 所指字符串相同的串，找到后返回该串在字符串数组中的位置(即下标值)，若未找到则返回-1。ss 所指字符串数组中共有 N 个内容不同的字符串，且字符串长小于 M。程序运行结果如图 14-2 所示。

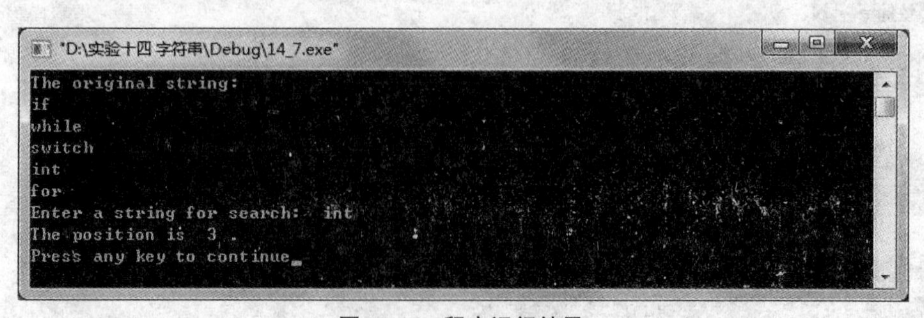

图 14-2 程序运行结果

```
#include <stdio.h>
#include <string.h>
#define N 5
#define M 8
int fun(char (*ss)[M],char *t)
{
    int i;
    /**********found**********/
    for(i=0;i< ① ;i++)
        /**********found**********/
        if(strcmp(ss[i],t)==0 )
            return ② ;
    return-1;
}
int main()
{
    char ch[N][M]={"if","while","switch","int","for"},t[M];
    int n,i;
    printf("The original string:\n");
    for(i=0;i<N;i++)
        puts(ch[i]);
    printf("Enter a string for search: ");
    gets(t);
    n=fun(ch,t);
    /**********found**********/
    if(n== ③ )
        printf("Don't found!\n");
    else
        printf("The position is %d.\n",n);
    return 0;
}
```

（三）程序改错

14-8 下列给定程序中函数 fun 的功能是：逐个比较 p、q 所指两个字符串对应位置上的字符，并把 ASCII 值较大或相等的字符依次存放到 c 所指的数组中，形成一个新的字符串。程序运行结果如图 14-3 所示。

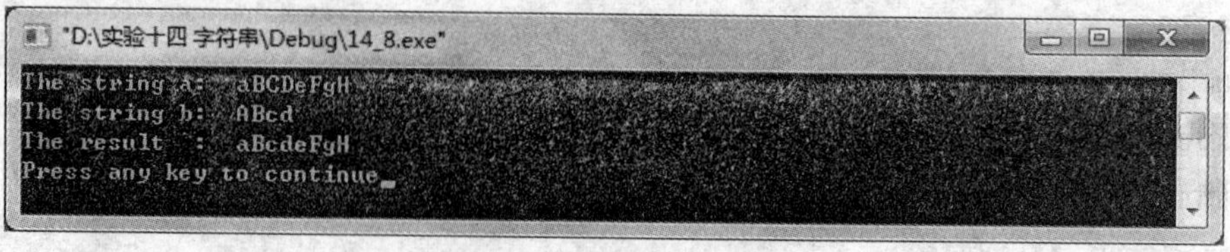

```
"D:\实验十四 字符串\Debug\14_8.exe"
The string a:  aBCDeFgH
The string b:  ABcd
The result  :  aBcdeFgH
Press any key to continue
```

图 14-3　程序运行结果

例如，若主函数中 a 字符串为"aBCDeFgH"，b 字符串为"Abcd"，则 c 中的字符串应为"aBcdeFgH"。

【算法提示】 (1) 变量 k 存放数组 c 的下标，因此应初始化为 0。

(2) while 循环语句的循环条件是判断两个字符串是否到达结尾。

```
#include <stdio.h>
#include <string.h>
void  fun(char *p,char *q,char *c)
{
    /************found************/
    int k=1;
    /************found************/
    while( *p!=*q )
    {
        if( *p<*q )
            c[k]=*q;
        else
            c[k]=*p;
        if(*p)
            p++;
        if(*q)
            q++;
        k++;
    }
}
int main()
{
    char  a[10]="aBCDeFgH",b[10]="ABcd",c[80]={'\0'};
    fun(a,b,c);
    printf("The string a:  ");
    puts(a);
    printf("The string b:  ");
    puts(b);
```

```
        printf("The result  :  ");
        puts(c);
        return 0;
}
```

14-9　下列给定程序中函数 fun 的功能是：将 s 所指字符串中出现的与 t1 所指字符串相同的子串全部替换为 t2 所指字符串，所形成的新串放在 w 所指的数组中。要求 t1 和 t2 所指字符串的长度相同。程序运行结果如图 14-4 所示。

```
"D:\实验十四 字符串\Debug\14_9.exe"
Please enter string S:abcdabfab
Please enter substring t1:ab
Please enter substring t2:99
The result is :  99cd99f99
Press any key to continue
```

图 14-4　程序运行结果

例如，当 s 所指字符串中的内容为"abcdabfab"，t1 所指子串中的内容为"ab"，t2 所指子串中的内容为"99"时，在 w 所指的数组中的内容应为"99cd99f99"。

```
#include  <stdio.h>
#include  <string.h>
void fun (char *s, char *t1,char *t2,char *w)
{
        char    *p,*r,*a;
        strcpy( w,s );
        while ( *w )
        {
            p=w;
            r=t1;
            /************found************/
            while ( r )
                if ( *r==*p )
                {
                    r++;
                    p++;
                }
                else
                    break;
            if ( *r=='\0' )
            {
                a=w;
                r=t2;
```

```
                while ( *r )
                {
                /************found************/
                      *a=*r;a++;r++
                }
                w+=strlen(t2);
            }
            else
                w++;
        }
    }
    int main()
    {
        char   s[100],t1[100],t2[100],w[100];
        printf("Please enter string S:");
        scanf("%s",s);
        printf("Please enter substring t1:");
        scanf("%s",t1);
        printf("Please enter substring t2:");
        scanf("%s",t2);
        if ( strlen(t1)==strlen(t2) )
        {
            fun( s,t1,t2,w);
            printf("The result is :   %s\n",w);
        }
        else
            printf("Error : strlen(t1)!=strlen(t2)\n");
        return 0;
    }
                                                              }
```

14－10 下列给定程序的功能是：读入一个英文文本行，将其中每个单词的第一个字母改成大写，然后输出此文本行(这里"单词"是指由空格隔开的字符串)。程序运行结果如图 14－5 所示。

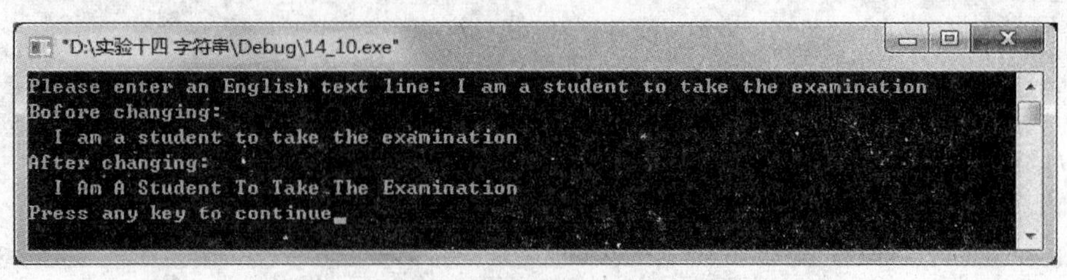

图 14－5　程序运行结果

例如，若输入"I am a student to take the examination"，则应输出"I Am A Student To Take The Examination"。

```
#include  <stdlib.h>
#include  <string.h>
#include  <conio.h>
#include  <ctype.h>
#include  <stdio.h>
#include  <string.h>
/************found**************/
void upfst(char p)
{
    int k=0;
    for (;*p;p++)
        if (k)
        {
            if (*p==' ')
                k=0;
        }
        else
        {
            if (*p!=' ')
            {
                k=1;
                *p=toupper(*p);
            }
        }
}
int main()
{
    char  chrstr[81];
    printf("Please enter an English text line: ");
    gets(chrstr);
    printf("Bofore changing:\n   %s",chrstr);
    upfst(chrstr);
    printf("\nAfter changing:\n   %s\n",chrstr);
    return 0;
}
```

（四）程序设计

14-11 规定输入的字符串中只包含字母和*符号。请编写函数fun，其功能是：将字符串中的前导*号全部移到字符串的结尾。程序运行结果如图14-6所示。

例如，字符串中的内容为："*******A*BC*DEF*G****"，移动后，字符串中的内容应当是："A*BC*DEF*G***********"。在编写函数时，不得使用C语言提供的字符串函数。

【算法提示】 函数fun的功能：将字符串中的前导*号全部移到字符串的结尾。

本题解题思路：(1) 定义一个指针并指向字符串的首地址；(2) 利用循环语句找出字符串的前导*号的个数n；(3) 利用循环语句把剩余的字符拷贝到另一个字符串中；(4) 在字符串的末尾接上n个*号。

```
#include <stdio.h>
void  fun( char *a )
{
    /******* 在此写入代码*******/

    /******* 在此写入代码*******/
}
int main()
{
    char  s[81];
    int  n=0;
    printf("Enter a string:\n");
    gets(s);
    fun(s);
    printf("The string after moveing:\n");
    puts(s);
    return 0;
}
```

图14-6 程序运行结果

【思考】 如果要删除所有"*"，只删除前面的"*"，只删除最后的"*"，只删除中间的"*"，程序应分别如何实现？

14-12 函数fun的功能是：将s所指字符串中除下标为偶数的同时ASCII码值也为偶

数的字符外,其余的全部删除;字符串中剩余字符所形成的新字符串放在t所指的数组中。程序运行结果,如图14-7所示。

例如,若s所指字符串中的内容为"ABCDEFG123456",其中字符A的ASCII码值为奇数,因此应当删除;字符B的ASCII码值为偶数,但在数组中的下标为奇数,因此也应当删除;字符2的ASCII码值为偶数,在数组中的下标也为偶数,因此不应当删除,其他依此类推。最后t所指的数组中的内容应是"246"。

【算法提示】 本题要求删除除下标为偶数同时ASCII码值也为偶数的字符,即保留下标为偶数同时ASCII码值也为偶数的字符。循环语句用于遍历字符串,条件语句用于判断当前字符是否符合要求。注意判断条件是:下标为偶数,同时ASCII码值也为偶数,所以应用逻辑与"&&"运算符。

部分源程序

```
#include <stdio.h>
#include <string.h>
void fun(char *s,char t[])
{
    /******* 在此写入代码*******/

    /******* 在此写入代码*******/
}
int main()
{
    char    s[100],t[100];
    printf("Please enter strings:");
    scanf("%s",s);
    fun(s,t);
    printf("The result is: %s\n",t);
    return 0;
  }
```

图14-7 程序运行结果

【思考】 如果要删除字符串中下标为偶数同时ASCII码值也为偶数的字符呢?那么程序如何修改?

14-13 请编写函数fun,其功能是:移动字符串中的内容,移动的规则是把第1～m个字符,平移到字符串的最后,把第(m+1)到最后的字符移到字符串的前部。程序运行结果如

图 14－8 所示。

例如，字符串中原有的内容为"ABCDEFGHIJK"，m 的值为 3，移动后，字符串中的内容应该是"DEFGHIJKABC"。

【算法提示】 本题应采用"循环左移"的算法，外层循环用于控制移动的字符的个数，即需进行多少次循环，内嵌循环的作用是将从第 2 个字符以后的每个字符依次前移一个位置，最后将第 1 个字符放到最后一个字符中。

```
#include <stdio.h>
#include <string.h>
#define   N    80
void fun (char   *w,int   m)
{
    /******* 在此写入代码*******/

    /******* 在此写入代码*******/
}
int main()
{
    char   a[N]="ABCDEFGHIJK";
    int   m;
    printf("The origina string :\n");
    puts(a);
    printf("Enter   m: ");
    scanf("%d",&m);
    fun(a,m);
    printf("The string after moving :\n",);
    puts(a);
    return 0;
}
```

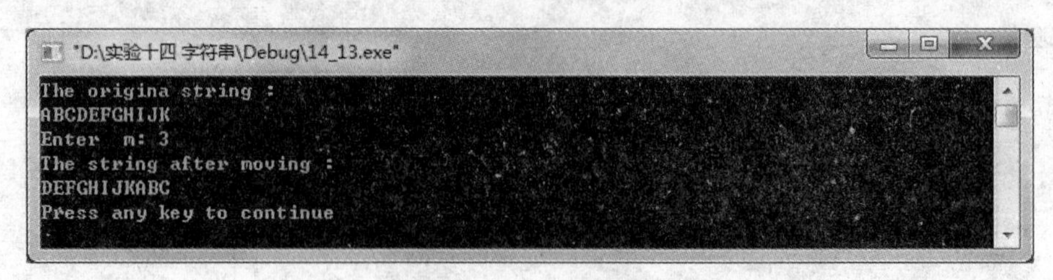

图 14－8　程序运行结果

【思考】 如果反方向移动呢？

习 题

1. 请编写函数 fun，函数的功能是：统计一行字符串中单词的个数，作为函数值返回。一行字符串在主函数中输入，规定所有单词由小写字母组成，单词之间由若干个空格隔开，一行的开始没有空格。

```
#include <stdio.h>
#include <string.h>
#define N 80
int fun(char *s)
{
    /******* 在此写入代码*******/

    /******* 在此写入代码*******/
}
int main()
{
    char line[N];int num=0;
    printf("Enter a string :\n");
    gets(line);
    num=fun(line);
    printf("The number of word is : %d\n\n",num);
    return 0;
}
```

2. 编写函数 void fun(char *tt，int pp[])，统计在 tt 所指的字符串中 'a' 到 'z'26 个小写字母各自出现的次数，并依次放在 pp 所指的数组中。

例如，当输入字符串 abcdefgabcdeabc 后，程序的输出结果应该是：3 3 3 2 2 1 1 0 0 0 0 0 0 0 0 0 0 0 0 0 0 0 0 0 0 0

```
#include <stdio.h>
#include <string.h>
void fun(char *tt,int pp[])
{
    /******* 在此写入代码*******/

    /******* 在此写入代码*******/
}
```

```
intmain( )
{
        char aa[1000];
        int    bb[26],k;
        printf( "\nPlease enter    a char string:" );
        scanf("%s",aa);
        fun(aa,bb );
        for ( k=0;k<26;k++)
              printf ("%d ",bb[k]);
        printf( "\n" );
        return 0;
}
```

3. 函数 fun 的功能是：将 s 所指字符串中下标为偶数同时 ASCII 值为奇数的字符删除，s 所指串中剩余的字符形成的新串放在 t 所指的数组中。

例如，若 s 所指字符串中的内容为"ABCDEFG12345"，其中字符 C 的 ASCII 码值为奇数，在数组中的下标为偶数，因此必须删除；而字符 1 的 ASCII 码值为奇数，在数组中的下标为奇数，因此不应当删除，其他依此类推。最后，t 所指的数组中的内容应是"BDF12345"。

```
# include <stdio.h>
# include <string.h>
void fun(char *s,char t[])
{
        /******* 在此写入代码*******/

        /******* 在此写入代码*******/
}

int main()
{
        char s[100],t[100];
        printf("\nPlease enter string S:");
        scanf("%s",s);
        fun(s,t);
        printf("\nThe result is: %s\n",t);
        return 0;
}
```

实验十五　结构体

一、实验目的和要求

1. 掌握结构体类型、结构体类型变量的定义和使用方法；
2. 掌握结构体类型数组的定义和使用；
3. 掌握结构型类型的指针变量的定义和使用；
4. 掌握链表的常用操作，包括建立、插入、删除结点等。

二、实验内容

（一）阅读程序，写出运行结果

15－1　定义一个名为 student 的结构体类型，其包含如下成员：name（字符数组），最多可存放 12 个字符；sex（字符），用于记录性别；num（整数），用于记录学号；score（实数），用于记录成绩。以下程序运行后的输出结果是________。

```
#include <stdio.h>
struct student                    /*定义结构体类型*/
{
    char name[5];
    char sex;
    int num;
    float score;
};
int main()
{
    struct   student stu;
    scanf("%s,%c,%d,%f",stu.name,&stu.sex,&stu.num,&stu.score);
    printf("%s   %c   %d   %f\n",stu.name,stu.sex,stu.num,stu.score);
    return 0;
}
```

15－2　阅读程序，写出程序的运行结果________。

```
#include<stdio.h>
struct st
```

```
{
    int x;
    int *y;
} *p;
int dt[4]={10,20,30,40 };
struct st aa[4]={ 50,&dt[0],60,&dt[1],70,&dt[2],80,&dt[3] };
int main( )
{
    p=aa;
    printf( "%d,",++p->x );
    printf( "%d,",(++p )->x );
    printf( "%d\n",++( *p->y ) );
    return 0;
}
```

15-3 阅读程序,写出程序的运行结果________。

```
#include  <stdio.h>
typedef struct
{
    int num;
    double s;
}REC;
void fun1( REC x )
{
    x.num=23;x.s=88.5;
}
int main( )
{
    REC a={ 16,90.0 };
    fun1( a );
    printf( "%d\n",a.num );
    return 0;
}
```

15-4 阅读程序,写出程序的运行结果________。

```
#include<stdio.h>
#include<string.h>
struct A
{
    int a;char b[10];double c;
```

```
};
void f( struct A *t );
int main( )
{
      struct A a={6006,"wang",100.0 };
      f( &a );
      printf( "%d,%s,%6.1f\n",a.a,a.b,a.c );
      return 0;
}
void f( struct A *t )
{
      strcpy( t->b,"ChangRong" );
}
```

15-5　用主函数输入3个学生的数据记录，每个记录包括 num、name、score[3]，用 printf 函数输出这些记录。写出程序的运行结果：________。

【算法提示】　定义一个包含有3个成员项的结构体数组，在主函数中利用循环依次输入数据，并调用函数 printf，完成输出数据的功能。

```
#define N 3
#include <stdio.h>
struct student
{     char num[4];
      char name[5];
      int score[3];            //下标从1开始，有二门课程成绩，所以设定数组长度为3，防
                                 止数据溢出
} stu[N];
void main( )
{
      int i,j;
      void print(struct student stu[N]);
      for(i=0;i<N;i++)
      {
            printf("\n 输入第%d 学生信息:num      name\n",i+1);
            scanf("%s,%s",stu[i].num,stu[i].name);
            for(j=1;j<=2;j++)
                  {
                        printf("score %d:",j);
                        scanf("%d",&stu[i].score[j]);
                  }
```

```
            printf("\n");
            }
        print(stu);
    }
    void print(struct student stu[N])
    {
        int i,j;
        printf("numname score1score2\n");
        for(i=0;i<N;i++)
        {
            printf("%5s%1 0s",stu[i] .num,stu[i] .name);
            for(j=1;j<=2;j++)
              printf("%6d",stu[i] .score[j]);
              printf("\n");
        }
    }
```

15-6 建立动态单链表，然后遍历链表。输入数据 66 88 99，则程序运行后输出结果是________。

```
    # define NULL 0
    # include <stdio.h>
    # include <stdlib.h>
    # define LEN sizeof(struct student)
    struct student                          //定义结构体
    {
        float score;
        struct student *next;
    };
    int i,n=3;                              // 共 3 个数据元素
    float x;                                // 全局量 struct student 和 x
    struct student *creat()                 // 建立一个链表,返回指向链表首结点的指针(地址)
    {
        struct student *head,*p,*rear;
        for(i=0;i<n;i++)
        {
            p=(struct student *)malloc(LEN);                // 新创建的结点
            scanf("%f",&x);
            p->score=x;                 // 新结点赋值
            if (i==0)
```

```
            {
                head=p;             // head 为首指针,rear 为尾指针
                rear=p;
            }
        else
            {
                rear->next=p;
                rear=p;
            }
        }
    rear->next=NULL;
    return(head);
}
void print(struct student *head)          //遍历一个 head 为指向的链表
{
    struct student *p;
    p=head;
    while (p!=NULL)
    {
        printf("%6.2f",p->score);
        p=p->next;
    }
    printf("\n");
}

void main()
{
    struct student *head;
    printf("input score:\n");
    head=creat();                      //建立单链表
    printf("Display the linklist:");
    print(head);                       //遍历单链表
}
```

（二）程序填空

15-7　输出结构体类型 su 所占内存单元的字节数。程序运行结果如图 15-1 所示。

```
#include<stdio.h>
struct su
```

```
{
    double i;
    char arr[20];
};
int main( )
{
    struct su tu;
    printf( "tu size : %d\n",__①__);
    return 0;
}
```

"D:\实验十五结构体\Debug\15_7.exe"

tu size : 32
Press any key to continue

图 15-1　程序运行结果

15-8　下面程序的功能是把 3 个 NODETYPE 型的变量链接成一个简单的链表,并在 while 循环中输出链表结点数据中的数据。程序运行结果如图 15-2 所示。

```
#include<stdio.h>
struct node
{
int data;
struct node *next;
};
typedef struct node NODETYPE;
int main( )
{
    NODETYPE a,b,c,*h,*p;
    a.data=10;b.data=20;c.data=30;h=&a;
    a.next=&b;b.next=&c;c.next='\0';
    p=h;
    while( p ) { printf( "%d,",p->data );__①__;}
    printf( "\n" );
    return 0;
}
```

图 15-2　程序运行结果

15-9　下面程序中，函数 fun 的功能是：统计 person 所指结构体数组中所有性别(sex)为 M 的记录的个数，存入变量 n 中，并作为函数值返回。程序运行结果如图 15-3 所示。

```
#include<stdio.h>
#define  N  3
typedef  struct
{
    int num;
    char nam[ 10 ];
    char sex;
}SS;
int fun( SS person[ ] )
{
    int i,n=0;
    for( i=0;i <N;i++)
        if(___①___=='M' )
    n++;
return n;
}
int main( )
{
    SS W[N]={ {1,"AA",'F' },{2,"BB",'M'},{ 3,"CC",'M' } };
    int n;
    n=fun( W );
    printf( "n=%d\n",n );
    return 0;
}
```

图 15-3　程序运行结果

15-10　函数 fun 的功能：对 N 名学生的成绩按从高到低的顺序找出前 m(m≤10)名学生，并将这些学生数据存放在一个动态分配的连续存储区中，此存储区的首地址作为函数值返回。程序运行结果如图 15-4 所示。

```
#include<conio.h>
#include<string.h>
#include<stdio.h>
#include<malloc.h>
```

```
#defineN 5
typedef struct ss
{
  char  num[5];
  int s;
}ST;
___①___ *fun(ST a[],  int  m)
{
     ST  b[N],*t;
     int  i,j,k;
     t=calloc(m,___②___);
     for(i=0;i<N;i++)  b[i]=a[i];
     for(k=0;k<m;k++)
     {
          for(i=j=0;i<N;i++)
               if(b[i].s>b[j].s)  ___③___;
          t[k]=b[j];
          t[k].s=b[j].s;
          b[j].s=0;
     }
     return t;
}
outresult (ST a[])
{
     int i;
     for(i=0;i<N;i++)
     printf("No=%sscore=%d\n",a[i].num,a[i].s);
}
main()
{
     ST  a[N]={{"A01",80},{"A02",85},{"A03",65},{"A04",90},{"A05",75}};
     ST  *porder;
     int  i,m;
     printf("*****原始数据*****\n");
     outresult(a);
     printf("\nGive the number of the students who have better score:");
     scanf("%d",&m);
     while(m>5)
```

```
    {
        printf("\n Give the number of the students who have better score:\n");
        scanf("%d",&m);
    }
    porder=fun(a,m);
    printf("*****结果数据*****\n");
    printf("The top:\n");
    for(i=0;i<m;i++)
    printf("%s    %d\n",porder[i].num,porder[i].s);
    free(porder);
}
```

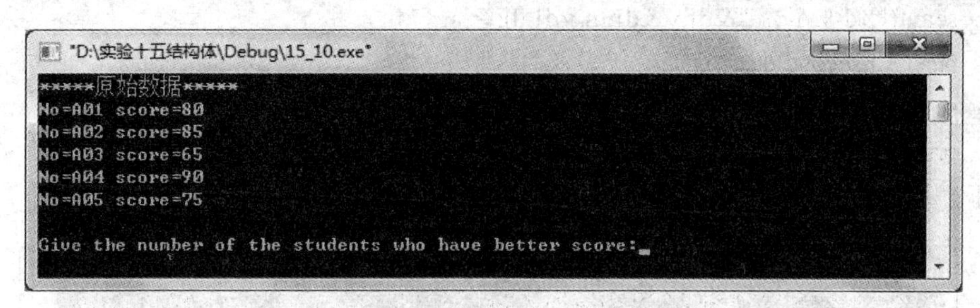

图 15－4　程序运行结果

（三）程序改错

15－11　输入两个正确的日期且年份在 1900～9999 范围内，计算并输出两日期之间间隔的天数。程序运行结果如图 15－5 所示。

例如，2010－1－1 和 2011－1－1 之间间隔的天数。

```
#include<stdio.h>
#define leap(y)   ((y)%4==0 && (y)%100!=0|| (y)%400==0)
struct d
{
  int y,m,d;
};
int days(struct d d1,struct d d2)
{
int mon[2][13]={{0,31,28,31,30,31,30,31,31,30,31,30,31},
{0,31,28,31,30,31,30,31,31,30,31,30,31}};
int i;
long td=0;
for(i=d1.y;i<d2.y;i++)
    td=leap(i)? 366:365;
```

```
    for(i=1;i<d1.m;i++)
        td-=mon[leap(d1.y)][i];
    td-=d1.d-1;
    for(i=1;i<d2.m;i++)
        td+=mon[leap(d2.y)][i];
    td+=d2.d-1;
    return td;
}
void main()
{ struct d1,d2;
    puts("\n first date:");
    scanf("%d-%d-%d",&d1.y,&d1.m,&d1.d);
    puts("\n second date:");
    scanf("%d-%d-%d",&d2.y,&d2.m,&d2.d);
    printf("%d days\n",days(d1,d2));
}
```

图 15-5 程序运行结果

（四）程序设计

15-12 在主函数中将N名学生数据存入结构体数组s中，每位学生的记录由学号和成绩组成，编写函数fun，其功能是：把低于平均分的学生数据放在数组b中，低于平均分的学生人数通过形参n传回，平均分通过函数值返回。程序执行结果如图15-6所示。

【算法提示】 利用循环计算记录学生的平均成绩，再把低于平均值的记录存放到数值b中。

```
#include <stdio.h>
#define N 6
typedef struct
{
    char num[5];
    double s;
} ST;
```

```
double fun( ST *a,ST *b,int *n )
{
    /******* 在此写入代码*******/

    /******* 在此写入代码*******/
}
main()
{
    ST s[N]={{"A05",85},{"A03",76},{"A02",69},{"A04",85},{"A01",91},{"A06",72}};
    ST h[N];
    int i,n;
    double ave;
    ave=fun( s,h,&n );
    printf("The %d student data which is lower than %7.3f:\n",n,ave);
    for(i=0;i<n;i++)
        printf("%s %4.1f\n",h[i].num,h[i].s);
    printf("\n");
}
```

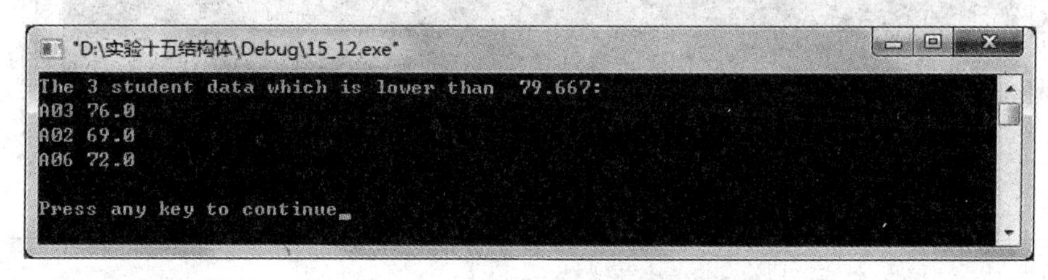

图 15-6　程序执行结果

15-13　将 N 名学生数据存入结构体数组 s 中，每位学生的记录由学号和成绩组成，编写函数 fun，其功能是：把分数最高的学生数据放到 b 数组中，注意：分数最高的学生不止一个，函数返回分数最高的人数。程序运行结果如图 15-7 所示。

【算法提示】　先找出最高成绩，再把 N 名学生成绩的最高成绩的记录存入数组 b 中。

```
#include <stdio.h>
#define N 10
typedef struct
{
    char num[5];
    int s;
} ST;
int fun( ST *a,ST *b )
{
```

```
    /******* 在此写入代码*******/

    /******* 在此写入代码*******/
}
main()
{
    ST s[N]={{"A05",85},{"A03",76},{"A02",69},{"A04",85},{"A01",91},{"A07",72},
    {"A08",64},{"A06",87},{"A09",85},{"A10",91}};
    ST h[N];
    int i,n;
    n=fun( s,h );
    printf("The %d highest score :\n",n);
    for(i=0;i<n;i++)
        printf("%s %4d\n",h[i].num,h[i].s);
    printf("\n");
}
```

图 15-7 程序运行结果

习 题

1. 编写一个建立结构体类型数组的函数，存放4个学生的信息，信息包含学号、姓名、一门课的成绩；写一个按照学号查学生成绩的函数；最后写一个主函数，它先调用建立函数，再调用查询函数，显示查到学生的姓名和成绩。
2. 编写一程序。使输入的一个字符串中的小写字母全部转换成大写字母，要求输入字符的同时指定该字符在字符串中的序号(即字符在字符串中的顺序号，例如第1个字符的序号为1)，字符和序号存入结构体中，字符串存入结构体数组中，然后显示结构体数组的结果(用字符！表示输入字符串的结束)。
3. 编写程序。首先定义一个结构体类型，其成员包括：学号(num)，姓名(name[20])，性别(sex)，年龄(age)，三门课的成绩(score[3])；然后定义一个结构体数组并初始化，再调用一个函数count，在该函数中计算出每个学生的总分和平均分；最后返回主函数输出所有各项数据(包括原有的和新求出的)。

【算法提示】 ① 在定义结构体类型时应预留出准备计算结果的成员项；② 设结构体变量为函数参数，将各数据传给 count 函数。

4. 输入 4 名学生的基本信息，每名学生的基本信息包括：学号、姓名、性别、年龄、语文成绩、数学成绩、物理成绩、总分、平均分等数据项。根据各科成绩计算总分和平均分，并输出这 4 名学生的信息。

5. 编写一个程序。已知 head 指向一个带头结点的单向链表，链表每个结点包含整型数据域（data）和指针域（next），请编写函数 max，在链表中查找数据域值最大的结点，由函数值返回找到的最大值。

实验十六　文　件

一、实验目的和要求

1. 掌握文件的打开和关闭；
2. 掌握文件的顺序访问和随机访问；
3. 掌握文件的读写操作；
4. 掌握文件的定位操作及文件的检测函数；
5. 掌握文件的应用。

二、实验内容

（一）阅读程序，写出运行结果

16-1　从键盘输入一个字符串，将小写字母全部转换成大写字母，然后输出到一个磁盘文件“file1”中保存。输入的字符串以“!”结束。以下程序运行后的输出结果是________。

```
#include  <stdio.h>
#include  <stdlib.h>
#include  <string.h>
void main()
{
  FILE *fp;
    char str[100];
    int i=0;
    if((fp=fopen("file1","w"))==NULL)
        {
            printf("cannot open the file\n");
            exit(0);
        }
    printf("please input a string:\n");
    gets(str);
    while(str[i]!='!')
        {
            if(str[i]>='a'&&str[i]<='z')
            str[i]=str[i]-32;
```

```
            fputc(str[i],fp);
            i++;
        }
    fclose(fp);
    fp=fopen("file1","r");
    fgets(str,strlen(str)+1,fp);
    printf("%s\n",str);
    fclose(fp);
}
```

16－2　有5个学生，每个学生有3门课的成绩，从键盘输入以上数据（包括学号，姓名，三门课成绩），计算出平均成绩，将原有的数据和计算出的平均分数存放在磁盘文件"student"中。以下程序运行后的输出结果是________。

```
#include  "stdio.h"
struct student
{    char num[3];
     int score[3];
     float avr;
}stu[4];
void main()
{
     int i,j,sum;
     FILE *fp;
     for(i=1;i<4;i++)
        {
            printf("请输入第%d 个学生的 Num\n",i);
            scanf("%s",stu[i].num);
            sum=0;
            for(j=0;j<3;j++)
                { printf("score %d.",j+1);
                  scanf("%d",&stu[i].score[j]);
                  sum+=stu[i].score[j];
                }
            stu[i].avr=sum/3.0;
        }
   fp=fopen("student.txt","w");
     for(i=1;i<4;i++)
     fprintf(fp,"%s  %d  %d  %d  %f\n",stu[i].num,stu[i].score[0],stu[i].score[1],stu[i].
score[2],stu[i].avr);
```

```
    fclose(fp);
}
```

（二）程序填空

16－3 先以只写的方式打开文件 out.dat，再把字符串 str 中的字符保存到这个磁盘文件中。程序运行结果如图 16－1 所示。

```
#include <stdio.h>
#include <conio.h>
#define   N   80
main()
{
    FILE*fp;
    int  i=0;
    char  ch;
    char  str[N]="I′m  a  student!";
        if((fp=fopen(  ①  ))==NULL)
            {
                printf("cannot open out.dat\n");
                exit(0);
            }
while(str[i])
  {
    ch=str[i];
    __②__;
    putchar(ch);
    i++;
  }
__③__;
fclose(fp);
}
```

图 16－1　程序运行结果

16－4 从键盘输入若干行文本，写到文件 file1.txt 中，用-1 作为字符串输入结束的标志；然后将文件内容读出并显示在屏幕上。程序运行结果如图 16－2 所示。

```
#include   <stdio.h>
#include    <string.h>
#include   <stdlib.h>
void WriteText(FILE *);
void ReadText(FILE *);
main()
{
    FILE *fp;
    if((fp=fopen("file1.txt","w"))==NULL)
        {   printf(" open fail!!\n");exit(0);}
    WriteText(fp);
    fclose(fp);
    if((fp=fopen("file1.txt","r"))==NULL)
        {   printf(" open fail!!\n");exit(0);}
    ReadText(fp);
    fclose(fp);
}
void WriteText(____①____)
{
    char str[81];
    printf("\nEnter string with-1 to end :\n");
    gets(str);
    while(strcmp(str,"-1")!=0)
        {
            fputs(____②____,fw);fputs("\n",fw);
            gets(str);
        }
}
void ReadText(____③____)
{
    char str[81];
    printf("\nRead file and output to screen :\n");
    fgets(str,81,fr);
    while(!feof(fr) )
    {
        printf("%s",str);
        fgets(str,81,fr);
    }
}
```

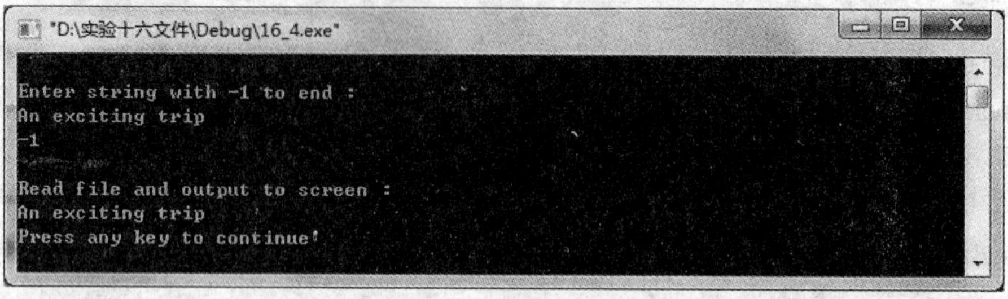

图 16-2　程序运行结果

(三) 程序改错

16-5　将一个磁盘文件中的信息复制到另一个磁盘文件中。程序运行结果如图 16-3 所示。

```
#include <stdio.h>
void main( )
{
    FILE* in,* out;            //定义文件指针
    char ch,infile[10],outfile[10];
    printf("Enter the infile name:\n");
    scanf("%c",infile);
    printf("Enter the outfile name:\n");
    scanf("%s",outfile);
    if((in=fopen(outfile,"r"))==NULL)       //判断文件是否正确读操作
    {
        printf("cannot open infile\n");
    exit(0);
    }
    if((out=fopen(infile,"w"))==NULL)        // 判断文件是否正确写操作
    {
        printf("cannot open outfile\n");
        exit(0);
    }
    //判断文件是否结束,如果不结束,则读文件 in 的内容写入到文件 out 之中
    while(!feof(in)) fputc(fgetc(in),out);
    fclose(in);          //关闭文件
    fclose(out);
}
```

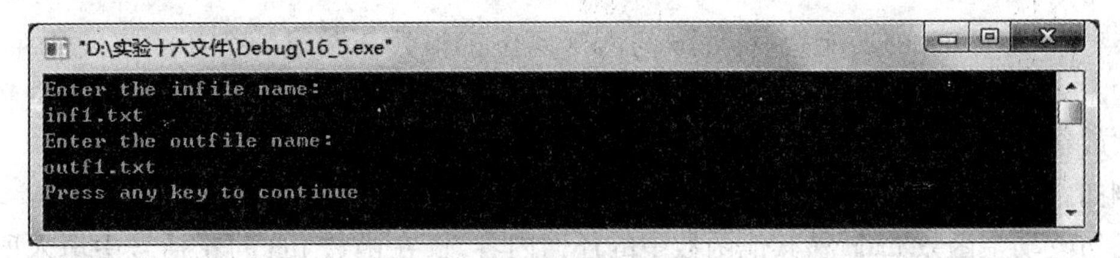

图 16-3 程序运行结果

【算法提示】 以上程序是按文本文件方式处理的。也可以用此程序复制一个二进制文件，只需将 2 个 fopen 函数中的"r"和"w"分别改为"rb"和"wb"即可。

（四）程序设计

16-6 编写一个程序，读取磁盘上的一个文件，添加一些字符再存放到磁盘上。程序运行结果如图 16-4 所示。

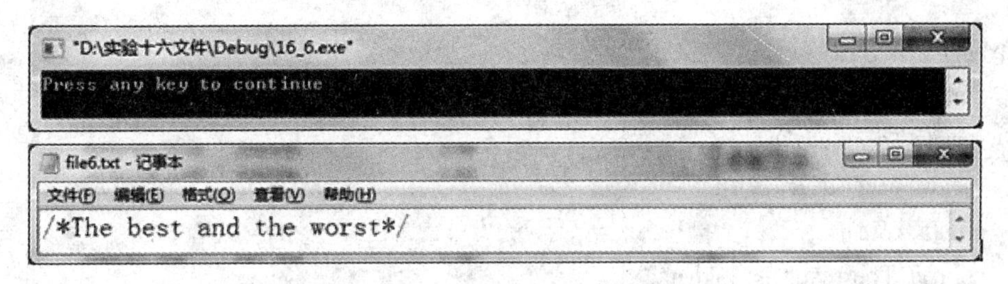

图 16-4 程序运行结果

16-7 编写一个程序，将文件 file7old.txt 从第 3 行起存放到 file7new.txt 中。程序运行结果如图 16-5 所示。

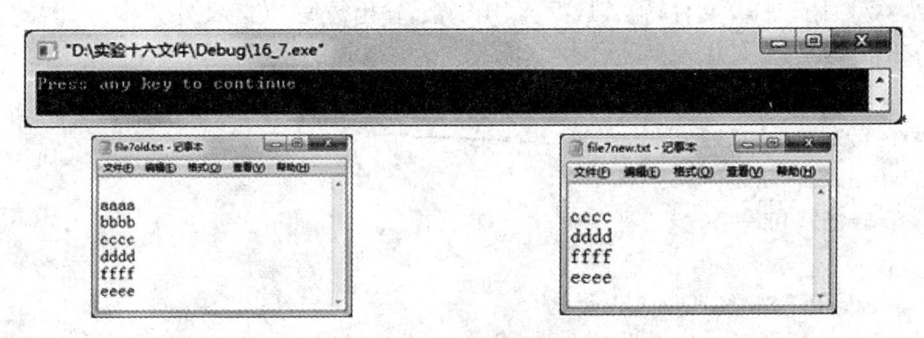

图 16-5 程序运行结果

16-8 二进制文件 file8.dat 中包含若干个整数，用键盘输入一个整数，请在文件中找出该整数的下一个数并输出。若找不到则输出"Not Found!"。程序运行结果如图 16-6 所示。

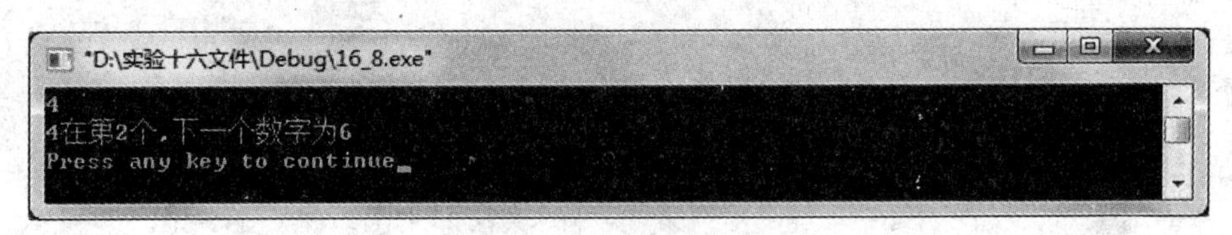

图 16-6 程序运行结果

16-9 函数 fun 的功能是：将 a、b 的两个两位正整数合并成一个新的整数放在 c 中。合并的方式是：将 a 中的十位和个位数依次放在变量 c 的百位和个位上，b 中的十位和个位数依次放在变量 c 的千位和十位上。程序运行结果如图 16-7 所示。

例如，当 a=12，b=34，调用该函数后 c=3142。

请勿改动主函数 main 和其他函数中的任何内容，仅在函数 fun 的花括号中填入所需编写的若干语句。

```
#include <stdio.h>
void fun(int a,int b,long *c)
{
/******* 在此写入代码*******/

/******* 在此写入代码*******/
}
main()    //主函数
{  int a,b;long c;voidff();
   printf("Input a,b:");
   scanf("%d%d",&a,&b);
   fun(a,b,&c);
   printf("The result is: %ld\n",c);
   ff();
}
voidff()
{//本函数用于打开文件，输入数据，调用函数，输出数据，关闭文件
  FILE *rf,*wf;
  int i,a,b;long c;
  rf=fopen("in.dat","r");
  wf=fopen("out.dat","w");
  for(i=0;i<10;i++)
   {
    fscanf(rf,"%d,%d",&a,&b);
    fun(a,b,&c);
    fprintf(wf,"a=%d,b=%d,c=%ld\n",a,b,c);
   }
  fclose(rf);
  fclose(wf);
}
```

图 16-7　程序运行结果

习　题

1. 文件“data1.in”里存放有多个(总个数不超过 10000 个)英文单词(每个英文单词不会超过 10 个字文字符),每行一个,单词未排序。

要求:将文件中的所有单词按字典顺序排序,然后将排序好的单词写入新建的文件 answer.txt 中。请完成程序,实现该功能,如 data1.in 文件中原内容如下所示,程序运行结果如图 16-8 所示。

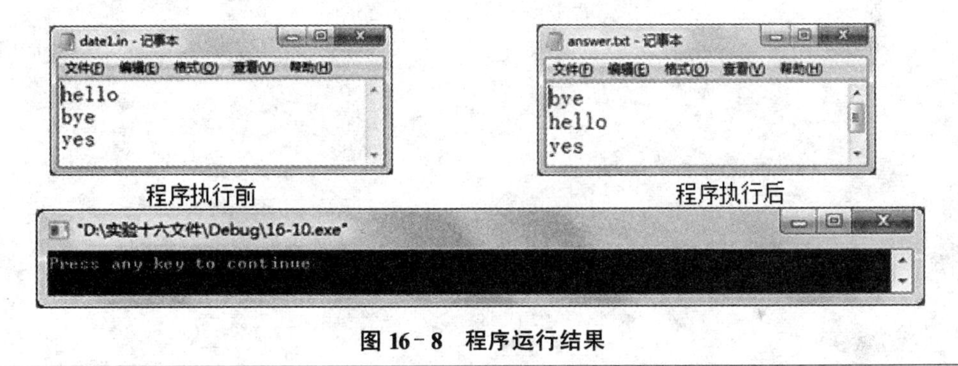

图 16-8　程序运行结果

【微信扫码】
第一部分参考答案

学习指导

第一章 程序设计概述

一、典型例题解析

1. 以下选项中叙述正确的是________。

A. 函数体必须由{开始　　B. C程序必须由main语句开始

C. C程序中的注释可以嵌套　　D. C程序中的注释必须在一行完成

【参考答案】 A

【解析】 函数体是main函数下面花括号内的部分，函数体必须由{开始，A选项正确。程序总是从main函数开始执行的，不是main语句，B选项错误。C程序中的两种注释：以//开头的单行注释；以/*开始，以*/结束的块式注释，D选项错误。函数可以嵌套，注释不能嵌套，C选项错误。

2. 下列叙述中错误的是________。

A. C程序可以由多个程序文件组成

B. 一个C语言程序只能实现一种算法

C. C程序可以由一个或多个函数组成

D. 一个C函数可以单独作为一个C程序文件存在

【参考答案】 B

【解析】 在一个C语言程序中可以用多种算法的实现，对算法的个数没有规定，B选项错误。

3. C语言源程序名的后缀是________。

A. .exe　　B. .C　　C. .obj　　D. .cp

【参考答案】 B

【解析】 C语言源文件名后缀是.C，目标文件的扩展名是.obj，可执行文件的扩展名是.exe，B选项正确。

二、实战与思考

1. 以下叙述中正确的是________。

A. C语言程序将从源程序中第一个函数开始执行

B. 可以在程序中由用户指定任意一个函数作为主函数，程序将从此开始执行

C. C语言规定必须用main作为主函数名，程序将从此开始执行，在此结束

D. main可作为用户标识符，用以命名任意一个函数作为主函数

2. 以下叙述中错误的是________。

A. C语言是一种结构化程序设计语言

B. 结构化程序有顺序、分支、循环三种基本结构组成

C. 使用三种基本结构构成的程序只能解决简单问题

D. 结构化程序设计提倡模块化的设计方法

3. 以下叙述中正确的是________。

A. C 程序可以由一个或多个函数组成

B. 在编译时可以发现注释中的语法错误

C. 主函数必须位于程序的开始处

D. C 语言程序的每一行只能写一条语句

【微信扫码】
补充习题&参考答案

第二章　数据类型和运算符

一、典型例题解析

1. 以下选项中不合法的标识符是________。

A. &a　　B. FOR　　C. Print　　D. 00

【参考答案】 A

【解析】 C语言中标识符由字母、下划线、数字组成，且开头必须是字母或下划线。另外，关键字不能作为标识符。C语言中字母区分大小写，B选项中的"FOR"可以作为标识符来用。A选项中含有非法字符&。

2. 有以下程序，程序运行后的输出结果是________。（字母 'A' 的 ASCII 码值为 65）

```
# include <stdio.h>
main()
{   char a,b;
    a='A'+'8'-'4';b='A'+'8'-'5';
    printf("%c,%d\n",a,b);
}
```

A. E,68　　B. D,69　　C. E,D　　D. 输出无定值

【参考答案】 A

【解析】 字符变量a的值为字符 'A' 的ASCII码值加上4，即69所对应的字符 'E'。字符变量b的值为字符 'A' 的ASCII码值加上3，即68所对应的字符 'D'。但是打印输出时，变量a以%c的格式输出，所以是E。变量b以%d的格式输出，所以是68。

3. 若有定义语句 int m=10;则表达式 m-=m+m 的值为________。

A. 0　　B. -20　　C. -10　　D. 10

【参考答案】 C

【解析】 算术运算符+ 的优先级高于-=，且-=的结合方向为自右向左，所以表达式 m-=m+m 可以表示成 m=m-(m+m)=10-(10+10)=-10。

4. 有以下程序，程序运行后的输出结果是________。

```
# include <stdio.h>
main()
{   int a,b,c;
    a=b=1;c=a++,b++,++b;
    printf("%d,%d,%d\n",a,b,c);
}
```

A. 2,3,3　　B. 2,3,2　　C. 2,3,1　　D. 2,2,1

【参考答案】 C

【解析】 c=a++,b++,++b;因为赋值运算符的优先级高于逗号运算符的优先级,所以可以将上式表示成(c=a++),(b++),(++b)。然后从左向右先计算表达式 c=a++,因为 a++先使用后自增,所以 c 的值为 1,a 的值为 2。再计算逗号表达式第二个表达式 b++,此时 b 的值为 2,最后计算第三个表达式++b,b 的值为 3。

二、实战与思考

1. C 语言整数不包括________。

A. 无符号整数　　B. 负整数　　C. 正整数　　D. 带小数点的整数

2. 以下选项中,合法的数值型常量是________。

A. 3.2　　B. 0XEH　　C. 099　　D. 'X'

3. 以下选项中,能用作数据常量的是________。

A. o115　　B. 1.5e1.5　　C. 0118　　D. 115L

4. 以下选项中,合法的实数是________。

A. E1.1　　B. 1.5E2　　C. 1.9E1.4　　D. 2.10E

5. 按照 C 语言规定的用户标识符命名规则,不能出现在标识符中的是________。

A. 下划线　　B. 数字字符　　C. 大写字母　　D. 连接符

6. 以下非法的字符常量是________。

A. '\x21'　　B. '\\n'　　C. '\101'　　D. '\0'

7. 若有定义语句 char a='\82 ';则变量 a ________。

A. 包含 1 个字符　　B. 包含 3 个字符　　C. 包含 2 个字符　　D. 说明不合法

8. 以下正确的字符串常量是________。

A. "\\\"　　B. Olympic Games　　C. ""　　D. 'abc'

9. 有以下程序,程序运行后的输出结果是________。

```
# include <stdio.h>
main()
{    int x=0x13;    printf(" INT:%d\n",x+1);    }
```

A. INT:20　　B. INT:13B　　C. INT:14　　D. INT:12

10. 以下不能用于实型数据的运算符是________。

A. +　　B. /　　C. *　　D. %

11. 设变量 m 为 float 类型,变量 n 为 int 类型,则以下能实现将 m 中的数值保留小数点后两位,第三位进行四舍五入运算的表达式是________。

A. m=m*100+0.5/100.0　　B. n=m/100+0.5,m=n*100.0

C. m=(m*100+0.5)/100.0　　D. n=m*100+0.5,m=n/100.0

12. 以下叙述正确的是________。

A. 表达式 'a'-+32 的值是字母 a 的 ASCII 码

B. 表达式 9-'0' 的值是数值 9

C. 表达式 'A'+32 的值是字母 A 的 ASCII 码

D. 表达式 9+'0' 的值是字符 9 的 ASCII 码

13. 若已有定义语句 int a,b,c;且变量已正确赋初值,则以下选项中正确的赋值表达式是________。

A. a=b=c=9;　　B. a=b==c='A ';　　C. a+b=c+1;　　D. a=b =c+8;

14. 有 C 语言表达式 2*3+4+15%3,关于其执行顺序,以下叙述正确的是________。

A. 先执行 2*3 得 6,再执行 6+4 得 10,再执行 15%3 得 0,最后执行 10+0 得 10

B. 先执行 15%3 得 0,再执行 2*3 得 6,最后执行 6+4+0 得 10

C. 先执行 2*3 得 6,再执行 15%3 得 5,最后执行 6+4+5 得 15

D. 先执行 15%3 得 3,再执行 4+3 得 7,再执行 2* 3 得 6,最后执行 6+7 得 13

15. 有以下程序,程序运行后的输出结果是________。

```
# include <stdio.h>
# define M1 (x,y)x*y
# define M2 (x,y)(x)*(y)
# define M3 (x,y)(x*y)
main()
{   int m=2,n=3;
    printf("%d,%d,%d\n ",M1(m,m+n) *2,M2(m,m+n)*2,M3(m,m+n)*2);
}
```

A. 10,20,14　　B. 20,20,20　　C. 14,14,14　　D. 10,10,10

16. 以下不正确的叙述是________。

A. 若 a 和 b 类型相同,在执行赋值语句 a=b;后 b 中的值放入 a 中,b 中的值不变

B. 程序中,APH 和 aph 是两个不同的变量

C. 当输入数值数据时,对于整型变量只能输入整型值;对于实型变量只能输入实型值

D. 在 C 程序中所用的变量必须先定义后使用

17. 下列字符序列中,是 C 语言保留字的是________。

A. include　　B. sizeof　　C. sqrt　　D. scanf

18. 下列字符序列中,可用作 C 标识符的一组字符序列是________。

A. class,day,lotus_1,2day　　B. # md,&12x,month,student_n!

C. S.b,sum,average,_above　　D. D56,r_1_2,name,_st_1

19. 以下标识符中,不能作为合法的 C 用户定义标识符的是________。

A. _double　　B. _123　　C. putchar　　D. INT

20. 下列不是合法 C 语言转义字符的是________。

A. '\a'　　B. '\r'　　C. '\b'　　D. '\c'

【微信扫码】
补充习题&参考答案

第三章 数据的输入输出

一、典型例题解析

1. 以下不能输出小写字母 a 的选项是________。

A. printf("%c\n","a");　　　　B. printf("%c\n",'A'+32);

C. putchar(97);　　　　D. putchar('a');

【参考答案】 A

【解析】 字符是按照其 ASCII 形式存储的，取值范围为 0~255，否则不是合法的字符。printf 函数格式控制符%c 以字符形式输出数据。putchar 函数将括号中参数以字符形式输出。A 选项"a"为字符串，不是单个字符，输出格式不正确，不能输出 a。字符 'a' 的 ASCII 码为 97，字符 'A' 的 ASCII 码为 65。'A'+32 即为 'a'，故 B 选项能输出 a。C、D 选项 putchar 函数参数均为字符 'a'，均可正确输出 a。

2. 以下程序，程序的运行结果是________。

```
# include <stdio.h>
main()
{   int    a=-17;
    printf("%d,%o,%x\n",a,1-a,1-a);
}
```

A. -17,22,12　　B. -17,12,22　　C. -17,-22,-12　　D. 17,22,12

【参考答案】 A

【解析】 整型常量的三种表示方法，分别是十进制数表示法、八进制数表示法和十六进制数表示法。十进制整常量没有前缀，输出格式控制符为%d；八进制整常量以 0 作为前缀，输出格式控制符为%o；十六进制整常量以 0X 或 0x 作为前缀，输出格式控制符为%x。1-a=18，整型常量 18 用八进制表示为 22，十六进制表示为 12。

3. 以下程序，程序的输出结果是

```
# include <stdio.h>
main()
{   int x=2,y=5;
    printf("x=%%d,y=%%d\n",x,y);
}
```

A. x=2,y=5　　B. x=%2,y=%5　　C. x=%d,y=%d　　D. x=%%d,y=%%d

【参考答案】 C

【解析】 C 语言中用"%%"打印输出字符"%"，所以"%%d"输出为%d 两个普通字符，而不是格式控制符"%d"的含义。

4. 设有定义 int x=1234;double y=3.1415;则语句 printf("%3d,%1.3f\n",x,y);的输出结果是________。

A. 1234,3.142　　B. 123,3.142　　C. 1234,3.141　　D. 123,3.141

【参考答案】 A

【解析】 函数printf()中的%md指输出带符号的十进制整数，给定最小宽度为m位，不足m位左端补空格，超过m位按实际位数输出，%.nf表示以带小数形式输出实数，小数占n位。

二、实战与思考

1. 已知字符A的ASCII编码为65，则执行下列函数调用语句时，不能输出字符B的是________。

A. putchar('B');　　B. putchar("B");　　C. putchar(66);　　D. putchar('\x42');

2. 若有声明语句 long a,b;且变量a和b都需要通过键盘输入，则下列语句中正确的是________。

A. scanf("%ld%ld,&a,&b");　　B. scanf("%d%d",a,b);

C. scanf("%ld%ld",&a,&b);　　D. scanf("%d%d",&a,&b);

3. 若有声明语句"float f=123.4567;"则执行语句"printf("%.3f",f);"后，输出结果是________。

A. 1.23e+02　　B. 123.457　　C. 123.456780　　D. 1.234e+02

4. 以下语句中，有语法错误的是________。

A. printf("%d",0e);　　B. printf("%f",0e2);

C. printf("%d",0x2);　　D. printf("%f",0x2);

5. 已知i、j、k为int型变量,若从键盘输入 1,2,3<回车>，使i的值为1，j的值为2，k的值为3,以下选项中正确的输入语句是________。

A. scanf("%2d%2d%2d",&i,&j,&k);　　B. scanf("%d,%d,%d",&i,&j,&k);

C. scanf("%d %d %d",&i,&j,&k);　　D. scanf("i=%d,j=%d,k=%d",&i,&j,&k);

6. 以下程序的输出结果为________。

```
main()
{ int i=010,j=100;
   printf("%d,%c\n",i,j);
}
```

A. 9,10　　B. 10,10　　C. 010,10　　D. 8,d

7. 以下程序的输出结果为________。

```
main()
{    printf("%d\n",null);    }
```

A. -1　　B. 1　　C. 0　　D. 变量无定义

8. 语句 printf("a\bre\'hi\'y\\\bou\n");的输出结果是________。

A. re'hi'you　　B. a\bre\'hi\'y\\\bou　　C. abre'hi'y\bou　　D. a\bre\'hi\'y\bou

9. 若有以下程序,执行后的输出结果是________。

```
main()
{ int k=2,i=2,m;
  m=(k+=i*=k);
  printf("%d,%d\n",m,i);
}
```

A. 8,3　　B. 6,4　　C. 7,4　　D. 8,6

10. 以下程序执行后输出结果是________。

```
main()
{   int i=10,j=1;
    printf("%d,%d\n",i--,++j);
}
```

A. 10,1　　B. 9,2　　C. 9,1　　D. 10,2

11. 以下程序段的输出是________。

```
float   a=3.1415;          printf("|%6.0f|\n" a);
```

A. |3.1415|　　B. | 3|　　C. | 3.0|　　D. | 3.|

12. 若 k 为 int 型变量,则以下程序段的执行结果是________。

```
k=8567;   printf("|%6d|\n",k);
```

A. 输出为|%6D|　　B. 输出为| 8567|

C. 格式描述符不合法,输出无定值　　D. 输出为|8567 |

13. 若 k,g 均为 int 型变量,则下列语句的输出为________。

```
k=017;   g=111;   printf("%d\t",++k);   printf("%x\n",g++);
```

A. 16　6f　　B. 15　6f　　C. 16　70　　D. 15　71

14. 若 c 为 char 型变量,k 为 int 型变量,则以下程序段的执行结果是________。

```
c='a';n=12;   printf("%x,%o,",c,c);   printf("k=%%d\n",n);
```

A. 61,141,k=%12

B. 61,141,k=%d

C. 因变量类型与格式描述符的类型不匹配,输出无定值

D. 输出项与格式描述符个数不符,输出为零值或不定值

15. 以下程序的输出结果是________。

```
main()
{   int   a=4,x=3,y=2,b=1;
    printf("%d\n",(a<x)? a:b<y? b:x));
}
```

A. 2　　B. 4　　C. 1　　D. 3

16. 下列程序段的输出结果是________。

```
int x=1234;    float y=123.456;    double c=12345.54321;
printf("%2d,%2.1f,%2.1f",x,y,c);
```

A. 1234,123.4,1234.5　　B. 1234,123.5,12345.5

C. 12,123.5,12345.5　　D. 无输出

【微信扫码】

补充习题&参考答案

第四章 选择结构

一、典型例题解析

1. 有以下程序,程序运行后的输出结果是________。

```
#include <stdio.h>
main()
{   int x=1,y=5;
    if (!x)y++;
    else if (x==0)
            if (x) y+=2;
            else y+=3;
    printf("%d\n",y);   }
```

A. 3　　B. 2　　C. 1　　D. 5

【参考答案】 D

【解析】 在 if else 语句中 else 总是与离它最近的 if 配对。本题目中 x=1 则!x=0。所以执行 else if 语句中的内容,判断(x==0)是否成立。因为 x=1,条件不成立,所以 else if 内部的 if…else 语句不再执行,y 的值还是初始值 5。

2. 有以下程序,程序运行后的输出结果是________。

```
#include <stdio.h>
main()
{   int x=1,y=0,m=0,n=0;
    switch (x)
    {  case1:  switch(y)
                 {  case  0:  m++;  break;
                    case  1:  n++;  break;  }
       case2:  m++;  n++;  break;
       case3:  m++;  n++;
    }
    printf("m=%d,n=%d\n",m,n);
}
```

A. m=2,n=2　　B. m=2,n=1　　C. m=1,n=1　　D. m=1,n=0

【参考答案】 B

【解析】 case 常量表达式只是起语句标号作用,并不是该处进行条件判断。在执行

switch语句时，根据switch的表达式，找到与之匹配的case语句，则从此case语句执行下去，不再进行判断，直到break或函数结束为止。所以执行内层switch(y)时，只执行m++，此时m的值为1。然后执行外层case 2语句的m++；n++；则m=2，n=1。

3. 有以下程序，程序运行后的输出结果是________。

```
# include <stdio.h>
main()
{    unsigned char   x=4,   y;
     y=x>>1;
     printf("%d\n",y);}
```

A. 16　　B. 2　　C. 32　　D.

【参考答案】 B

【解析】 无符号整型变量x的值为4，二进制表示为00000100，右移1位后为00000010，即十进制的2，所以输出为2。

4. 有以下程序，程序运行后的输出结果是________。

```
# include <stdio.h>
main()
{ unsigned char    x=2,y=4,m=5,n;
  n=x|y;     n&=m;     printf("%d\n",n);   }
```

A. 3　　B. 4　　C. 5　　D. 6

【参考答案】 B

【解析】 &按位与，如果两个相应的二进制位都为1，则该位的结果值为1，否则为0。|按位或，两个相应的二进制位中只要有一个为1，该位的结果值为1。2的二进制为00000010，4的二进制为00000100，所以做或运算结果为00000110，该数与5(即00000101)做与操作的结果为00000100(即4)。

5. 设有以下语句，执行后，c的值为________。

```
int    x=1,y=2,z;
z=x^(y<<2);
```

A. 7　　B. 9　　C. 8　　D. 6

【参考答案】 B

【解析】 y=2，则二进制为00000010，执行左移两位操作后为00001000，然后与x的二进制00000001做异或操作，结果为00001001，即十进制的9。

二、实战与思考

1. 两次运行下面的程序，如果从键盘上分别输入6和4，则输出结果是________。

```
main()
{int x;
 scanf("%d",&x);
```

```
if(x++>5) printf("%d",x);
else printf("%d\n",x--);
}
```

A. 7和5　　B. 6和3　　C. 7和4　　D. 6和4

2. 能表示x为偶数的表达式是________。

A. x%2==0　　B. x%2==1　　C. x%2　　D. x%2!=0

3. 下面的程序段中共出现了几处语法错误？________。

```
int a,b;
scanf("%d",a);
b=2a;
if(b>0) printf("%b",b);
```

A. 1　　B. 2　　C. 3　　D. 4

4. C语言中，逻辑“真”等价于________。

A. 大于零的数　　B. 大于零的整数　　C. 非零的数　　D. 非零的整数

5. C语言的switch语句中，case后________。

A. 只能为常量

B. 只能为常量或常量表达式

C. 可为常量及表达式或有确定值的变量及表达式

D. 可为任何量或表达式

6. 执行下列语句后a的值为________。

```
int a=5,b=6,w=1,x=2,y=3,z=4;
(a=w>x)&&(b=y>z);
```

A. 5　　B. 0　　C. 2　　D. 1

7. 以下程序的输出结果是________。

```
main()
{   int a=5,b=0,c=0;
    if(a=b+c) printf("* * * \n");
    else printf("$ $ $ \n");
}
```

A. 有语法错误不能通过编译

B. 可以通过编译但不能通过连接

C. ***

D. $ $ $

8. 以下程序的输出结果是________。

```
main()
{   int m=5;
    if(m++>5) printf("%d\n",m);
```

```
    else printf("%d\n",m--);
}
```

A. 4　　B. 5　　C. 6　　D. 7

9. 若运行时给变量 x 输入 12，则以下程序的运行结果是________。

```
main()
{   int x,y;
    scanf("%d",&x);
    y=x>12? x+10:x-12;
    printf("%d\n",y);
}
```

A. 0　　B. 22　　C. 12　　D. 10

10. 若 w=1,x=2,y=3,z=4,则表达式 w<x? w:y<z? y:z 的值是________。

A. 4　　B. 3　　C. 2　　D. 1

11. 当 a=5,b=2 时，表达式 a==b 的值为________。

A. 2　　B. 1　　C. 0　　D. 5

12. 若执行以下程序时从键盘上输入 9，则输出结果是________。

```
main()
{ int n;    scanf("%d",&n);
  if(n++<10) printf("%d\n",n);
  else printf("%d\n",n--);
}
```

A. 11　　B. 10　　C. 9　　D. 8

13. 若执行以下程序，则输出结果是________。

```
main()
{ int a,b,d=241;
  a=d/100%9;    b=(-1)&&(-1);    printf("%d,%d",a,b);
}
```

A. 6,1　　B. 2,1　　C. 6,0　　D. 2,0

14. 若有 int x=10,y=20,z=30;以下语句执行后 x,y,z 的值是________。

```
if (x>y)
z=x;    x=y;    y=z;
```

A. x=10,y=20,z=30　　B. x=20,y=30,z=30

C. x=20,y=30,z=10　　D. x=20,y=30,z=20

15. 下列表达式中能表示 a 在 0 到 100 之间的是________。

A. a>0&a<100　　B. !(a<0||a>100)　　C. 0<a<100　　D. !(a>0&&a<100)

16. 以下 4 个选项中，不能看作一条语句的是________。

A. {;}　　B. a=0,b=0,c=0;　　C. if(a>0);　　D. if(b==0) m=1;n=2;

17. if语句的基本形式是：if(表达式)语句，以下关于“表达式”值的叙述中正确的是________。

A. 必须是逻辑值　　B. 必须是整数值

C. 必须是正数　　D. 可以是任意合法的数值

18. 有以下程序段，关于程序段执行情况的叙述，正确的是________。

```
int i,n;
for(i=0;i<8;i++)
{    n=rand ()%5;
     switch (n)
     { case 1:
       case 3:  printf("%d\n",n);break;
       case 2:
       case 4:  printf("%d\n",n);  continue;
       case 0:  exit(0);
     }
     printf("%d\n",n);
}
```

A. for 循环语句固定执行 8 次

B. 当产生的随机数 n 为 4 时结束循环操作

C. 当产生的随机数 n 为 1 和 2 时不做任何操作

D. 当产生的随机数 n 为 0 时结束程序运行

19. 有以下程序，程序运行后的输出结果是________。

```
# include <stdio.h>
main()
{   int x=1,y=0;
    if(!x) y++;
      else if(x==0)
    if(x)y+=2;
      else y+=3;
printf("%d\n",y);
}
```

A. 3　　B. 2　　C. 1　　D. 0

20. 若变量已正确定义，在 if (W) printf("%d\n",k);中，以下不可替代 W 的是________。

A. a<>b+ c　　B. ch=getchar()　　C. a==b+ c　　D. a++

21. 下列叙述中正确的是________。

A. 在 switch 语句中，不一定使用 break 语句

B. 在 switch 语句中必须使用 default

C. break 语句必须与 switch 语句中的 case 配对使用

D. break语句只能用于switch语句

22. 有如下嵌套的if语句

```
if (a<b)
if(a<c) k=a;
else k=c;
else
      if(b<c) k=b;
else k=c;
```

以下选项中与上述语句等价的语句是________。

A. k=(a<b)?((b<c)?a:b):((b>c)?b:c);
B. k=(a<b)?((a<c)?a:c):((b<c)?b:c);
C. k=(a<b)?a:b;k=(b<c)?b:c;
D. k=(a<b)?a:b;k=(a<c)?a:c;

23. 设有宏定义# define DI (k,n) ((k%n==1)?1:0) 且变量m已正确定义并赋值，则宏调用：DI(m,5)&&DI (m,7) 为真时所要表达的是________。

A. 判断m是否能被5和7整除
B. 判断m被5和7整除是否都余1
C. 判断m被5或者7整除是否余1
D. 判断m是否能被5或者7整除

24. 有以下程序，写出程序的运行结果________。

```
# include <stdio.h>
main()
{  int a=1,b=2,c=3,x;  x=(a^b)&c;  printf("%d\n",x);  }
```

A. 3　　B. 1　　C. 2　　D. 0

25. 下列条件语句中，输出结果与其他语句不同的是________。

A. if(a!=0) printf("%d\n",x); else printf("%d\n",y);
B. if(a==0) printf("%d\n",y); else printf("%d\n",x);
C. if(a==0) printf("%d\n",x); else printf("%d\n",y);
D. if(a) printf("%d\n",x); else printf("%d\n",y);

26. 有以下程序，写出程序的运行结果________。

```
# include <stdio.h>
main()
{  int x=1,y=2,z=3;
   if(x>y)
   if(y<z) printf("%d",++z);
   else  printf("%d",++y);
   printf("%d\n",x++);
}
```

A. 1　　B. 41　　C. 2　　D. 331

27. 有以下程序，程序运行后的输出结果是________。

```
# include <stdio.h>
main()
```

```
{   int a=1,b=2,c=3,d=4,r=0;
    if(a!=1);else r=1;
    if(b==2) r+=2;
    else;if(c!=3) r+=3;
    else;if(d==4) r+=4;
    printf("%d\n",r);
}
```

A. 10　　B. 7　　C. 6　　D. 3

28. 设 x=3,y=-4,z=6,写出表达式!(x>y)+(y!=z) ||(x+y)&&(y-z)的结果________。

A. 0　　B. 1　　C. -1　　D. 6

29. 为表示关系 x≥y≥z,应使用的表达式是________。

A. (x>=y)&&(y>=z)　　B. (x>=y>=z)

C. (x>=y)AND(y>=z)　　D. (x>=y)&(y>=z)

30. 有以下程序,程序运行后的输出结果是________。

```
main()
{   int a=5,b=4,c=3,d=2;
    if(a>b>c)
        printf("%d\n",d);
    else if((c-1>=d) ==1)
        printf("%d\n",d+1);
    else printf("%d\n",d+2);
}
```

A. 2　　B. 4　　C. 编译时出错　　D. 3

31. 若 a=1,b=2 则 a|b 的值是________。

A. 1　　B. 2　　C. 0　　D. 3

32. 以下程序的输出结果是________。

```
main()
{   int x=35;   char   z='A';   printf("%d\n",(x&15) && (z<'a'));   }
```

A. 2　　B. 1　　C. 0　　D. 3

33. 有以下程序,执行后输出结果是________。

```
main()
{   int i=1,m=1,k=2;
    if((m++||k++)&&i++)
        printf("%d,%d,%d\n",i,m,k);   }
```

A. 2,2,2　　B. 2,2,3　　C. 1,1,2　　D. 2,2,1

34. int x=3,y=2,z=1;if(x>y>z)　x=y;else x=z;则 x 的值为________。

A. 2　　B. 3　　C. 1　　D. 0

35. 假定所有变量均已正确定义,下列程序段运行后 x 的值是________。

```
a1=1;    a2=2;    a3=3;    x=15;
if(!a1)    x--;
else    if(a2)    x=4;
            else    x=3;
```

A. 15　　B. 14　　C. 3　　D. 4

【微信扫码】
补充习题&参考答案

第五章 循环结构程序设计

一、典型例题解析

1. 有以下程序，程序执行后的输出结果是________。

```
#include <stdio.h>
main()
{   int a=0,b=6;
    do
    { while(--b)   a++;
    } while(b--);
    printf("%d,%d\n",a,b);   }
```

A. 5,0　　B. 6,0　　C. 5,-1　　D. 6,-1

【参考答案】 C

【解析】 执行do…while的循环体，b=5，判断b为真，a=1；b=4，a=2；b=3,a=3；b=2,a=4；b=1,a=5；b=0判断y为假，退出循环体。判断do…while条件b=0为假，b=-1退出循环。输出a,b为5,-1。

2. 有以下程序，程序执行后的输出结果是________。

```
#include <stdio.h>
main()
{   int x;
    for(x=1;x<=40;x++)
    { if(x++%5==0)
      if(++x%8==0)   printf("%d ",x);
    }
    printf("\n");
}
```

A. 5　　B. 24　　C. 32　　D. 40

【参考答案】 C

【解析】 在1~40的整数范围中，只有当i的值能被5整除，且i+2的值能被8整除时，打印i的值，满足这个条件的只有32。

3. 有以下程序，程序执行后的输出结果是________。

```
#include <stdio.h>
main()
{   int a=9;
    for( ;  a>0;  a--)
        if(a%3==0)  printf("%d",--a);  }
```

A. 852　　B. 963　　C. 741　　D. 875421

【参考答案】 A

【解析】 第一次 for 循环，a 的值为 9，a%3 的值为 0，满足条件打印--a，即先减 1 后打印，所以打印 8；第二次 for 循环，a 的值为 7，a%3 的值为 1，不执行打印语句；第三次 for 循环，a 的值为 6，a%3 的值为 0，满足条件打印--a，即先减 1 后打印，所以打印 5；第四次 for 循环，a 的值为 4，不满足 if 条件，不执行打印语句；第五次 for 循环，a 的值为 3，满足 if 条件，打印输出 2；第六次 for 循环，a 的值为 1，不满足条件，不执行打印语句。

4. 有以下程序，程序运行后的输出结果是________。

```
#include <stdio.h>
main()
{   int x,y,m=1;
    for(x=1;x<3;x++)
    {   for(y=3;y>0;y--)
        {   if(x*y>3) break;
            m*=x*y;
        }
    }
    printf("m=%d\n",m);
}
```

A. m=4　　B. m=2　　C. m=6　　D. m=5

【参考答案】 C

【解析】 第一次外循环 x 的值为 1，第一次内循环，y 的值为 3，不满足条件执行 m*=x*y 即 m 的值为 3；第二次 y 的值为 2，不满足条件执行 m*=x*y，即 m 的值为 6；第三次 y 的值为 1，不满足条件执行 m*=x*y，即 m 的值仍为 6。第二次外循环，x 的值为 2，y 的值为 3，满足条件，执行 break 语句，跳出循环。

二、实战与思考

1. 有以下程序段，则下面描述中正确的是________。

```
int k=10;
while(k=0) k=k-1;
```

A. while 循环执行 10 次　　B. 循环是无限循环

C. 循环体语句一句也不执行　　D. 循环体语句执行一次

2. 有以下程序段，则________。

```
int x=0,s=0;
while(!x!=0)   s+=++x;
printf("%d",s);
```

A. 运行程序段输出 0　　B. 运行程序段输出 1

C. 程序段中的控制表达式是非法的　　D. 程序段执行无限次

3. 下面程序的功能是：从键盘输入 2 个数，按由小到大排序输出，当输入的 2 个数相等时结束循环。应填写的代码为________。

```
#include <stdio.h>
main()
{int a,b,t;   scanf("%d%d",&a,&b);
while(________)
{   if(a>b)
        {   t=a;a=b;b=t;   }
        printf("%d,%d\n",a,b);
        scanf("%d%d",&a,&b);
        }
}
```

A. !a=b　　B. a!=b　　C. a==b　　D. a=b

4. 下面程序的功能是在输入的一批正整数中求出最大者，输入 0 结束循环。应填写的代码为________。

```
#include <stdio.h>
int main()
{int a,max=0;scanf("%d",&a);
 while(________)
   {   if(max<a)
      max=a;
      scanf("%d",&a);
      }
printf("%d",max);
}
```

A. a==0　　B. a　　C. !a==1　　D. !a

5. C 语言中 while 和 do-while 循环的主要区别是填写的代码为________。

A. do-while 的循环体至少无条件执行一次

B. while 的循环控制条件比 do-while 的循环控制条件严格

C. do-while 允许从外部转到循环体内

D. do-while 的循环体不能是复合语句

6. 下面程序的运行结果是________。

```
# include <stdio.h>
main()
{ int a=1,b=10;
  do
{   b-=a;
    a++;
  }while(b--<0);
  printf("a=%d,b=%d\n",a,b);
}
```

A. a=3,b=11　　B. a=2,b=8　　C. a=1,b=-1　　D. a=4,b=9

7. 若 i 为整型变量，则以下循环执行次数是________。

```
for(i=2;i==0;)printf("%d",i--);
```

A. 无限次　　B. 0 次　　C. 1 次　　D. 2 次

8. 下面程序的功能是计算 1 到 10 之间的奇数之和及偶数之和。应填写的代码为________。

```
# include <stdio.h>
int main()
{int a,b,c,i;a=c=0;
 for(i=0;i<=10;i+=2)
{   a+=i;
          (1)   ;
c+=b;   }
printf("sum of the even=%d\n",a);
printf("sum of the odd=%d\n",   (2)   );
}
```

(1) A. b=i--　　B. b=i+1　　C. b=i++　　D. b=i -1

(2) A. c-10　　B. c　　C. c-11　　D. c-b

9. 有以下程序，程序的运行结果为________。

```
# include <stdio.h>
int main()
{    int i;
     for(i=1;   ;i++);
     printf("%d\n",i);
     return 0;
}
```

A. 1　　B. 2　　C. 3　　D. 死循环

10. for 循环语句：for(表达式 1;表达式 2;表达式 3)语句，以下叙述正确的是________。

A. for 语句中的 3 个表达式一个都不能少

B. for 语句中的循环体至少要执行一次

C. for 语句中的循环体可以是一个复合语句

D. for 语句只能用于循环次数已经确定的情况

11. 有以下程序，程序的运行结果为________。

```
#include <stdio.h>
main()
{   int c=0,k;
    for (k=1;k<3;k++)
      switch (k)
      {   default: c+=k;
          case 2: c++;   break;
          case 4: c+=2;   break;
      }
    printf("%d\n",c);
}
```

A. 3　　B. 5　　C. 7　　D. 9

12. 有以下程序，程序运行后的输出结果是________。

```
#include <stdio.h>
main()
{   int n=2,k=0;
    while(k++&&n++>2);
    printf("%d %d\n",k,n);
}
```

A. 0 2　　B. 1 3　　C. 5 7　　D. 1 2

13. 有以下程序，程序运行后的输出结果是________。

```
#include <stdio.h>
main()
{   int a=7;
    while(a--);
    printf("%d\n",a);
}
```

A. -1　　B. 0　　C. 1　　D. 7

14. 有以下程序，程序运行后的输出结果是________。

```
#include <stdio.h>
main()
{   int a=-2,b=0;
    while (a++&&++b);
```

```
    printf("%d,%d\n",a,b);
}
```

A. 1,3　　B. 0,2　　C. 0,3　　D. 1,2

15. 有以下程序，程序运行后的输出结果是________。

```
#include <stdio.h>
main()
{   int s=0,n;
    for(n=0;n<3;n++)
    {   switch(s)
        {   case 0:
            case 1:  s+=1;
            case 2:  s+=2;  break;
            case 3:  s+=3;
            default:  s+=4;  }
        printf("%d,",s);
    }
}
```

A. 1,2,4,　　B. 1,3,6,　　C. 3,10,14,　　D. 3,6,10,

16. 若 k 是 int 类型变量，且有以下 for 语句

```
for (k=-1;k<0;k++)  printf("****\n");
```

下面关于语句执行情况的叙述中正确的是________。

A. 循环体执行一次　　B. 循环体执行两次

C. 循环体一次也不执行　　D. 构成无限循环

17. 有以下程序，程序运行后的输出结果是________。

```
#include <stdio.h>
main()
{  char  a,b,c;   b='1';  c='A';
   for (a=0;a<6;a++)
   {   if(a%2)  putchar(b+a);
       else     putchar(c+a);
   }
}
```

A. 1B3D5F　　B. ABCDEF　　C. A2C4E6　　D. 123456

18. 有以下程序，运行时，若输入 1 2 3 4 5 0<回车>，则输出结果是________。

```
#include <stdio.h>
main()
{   int s;
```

```
    scanf("%d",&s);
    while(s>0)
    {   switch(s)
        {   case 1:   printf("%d",s+5);
            case 2:   printf("%d",s+4);    break;
            case 3:   printf("%d",s+3);
            default:   printf("%d",s+1);    break;
        }
     scanf("%d",&s);
    }
}
```

A. 6566456　　B. 66656　　C. 66666　　D. 6666656

19. 有以下程序段，以下关于程序段执行情况的叙述，正确的是________。

```
int i,n;
for(i=0;i<8;i++)
{   n=rand()%5;                    //rand()函数产生一个随机数
    switch (n)
    { case 1:
      case 3:   printf("%d\n",n);    break;
      case 2:
      case 4:   printf("%d\n",n);    continue;
      case 0:   exit(0);
    }
printf("%d\n",n);
}
```

A. for 循环语句固定执行 8 次

B. 当产生的随机数 n 为 4 时结束循环操作

C. 当产生的随机数 n 为 1 和 2 时不做任何操作

D. 当产生的随机数 n 为 0 时结束程序运行

20. 若 i 和 k 都是 int 类型变量，有以下 for 语句

```
for(i=0,k=-1;k=1;k++)    printf("*****\n");
```

下面关于语句执行情况的叙述中正确的是________。

A. 循环体执行两次　　B. 循环体执行一次

C. 循环体一次也不执行　　D. 构成无限循环

21. 有以下程序，程序运行后的输出结果是________。

```
# include <stdio.h>
main()
{   char   b,c;   int i;          b='a';   c='A';
```

```
    for(i=0;i<6;i++)
    {   if(i%2) putchar(i+b);
        else putchar(i+c);
    }
    printf("\n");
}
```

A. ABCDEF　　B. AbCdEf　　C. aBcDeF　　D. abcdef

22. 有以下程序段,以下叙述中正确的是________。

```
main()
{  …
   while(getchar()!='\n');
   …
}
```

A. 此 while 语句将无限循环

B. getchar()不可以出现在 while 语句的条件表达式中

C. 当执行此 while 语句时,只有按回车键程序才能继续执行

D. 当执行此 while 语句时,按任意键程序就能继续执行

23. 有以下程序,程序运行后的输出结果是________。

```
#include <stdio.h>
main()
{   int a=1,b=2;
    while(a<6)   {  b+=a;   a+=2;   b%=10;  }
    printf("%d,%d\n",a,b);
}
```

A. 5,11　　B. 7,1　　C. 7,11　　D. 6,1

24. 有以下程序,程序运行后的输出结果是________。

```
#include <stdio.h>
main()
{   int y=10;
    while(y--)   ;
    printf("y=%d\n",y);
}
```

A. y=0　　B. y=-1　　C. y=1　　D. while 构成无限循环

25. 有以下程序,程序运行后的输出结果是________。

```
#include <stdio.h>
main()
{    int a=1,b=2;
```

```
    for(;a<8;a++)
     {   b+=a; a+=2;   }
    printf("%d,%d\n",a,b);
}
```

A. 9,18　　B. 8,11　　C. 7,11　　D. 10,14

26. 以下程序段中的变量已正确定义,则程序段的输出结果是________。

```
for(i=0;i<4;i++,j++)
for(k=1;k<3;k++);
printf("*");
```

A. ********　　B. ****　　C. **　　D. *

27. 有以下程序,程序运行后的输出结果是________。

```
#include <stdio.h>
main()
{  int p=5;
    do
    {  if(p%3==1)
          if(p%5==2)
          {  printf("* %d",p);   break;  }
    p++;
    }while(p!=0);
  printf("\n");
}
```

A. *7　　B. *3*5　　C. *5　　D. *2*6

28. 对 for(表达式 1;;表达式 3)可理解为________。

A. for(表达式 1;1;表达式 3)　　B. for(表达式 1;0;表达式 3)

C. for(表达式 1;表达式 1;表达式 3)　　D. for(表达式 1;表达式 3;表达式 3)

29. 以下程序段的输出结果是________。

```
int   s=3;
do
{  pritnf("%3d",s-=2);
}while (!(--s));
```

A. 死循环　　B. 1-2　　C. 3 0　　D. 1

30. 以下语句中,循环次数不为 10 次的语句是________。

A. for(n=1;n<10;n++);　　B. n=10;while(n>0){--n;}

C. n=1;do{n++;}while(n<=10);　　D. n=1;m:if(n<=10){n++;goto m;}

31. 下面程序的功能是把 316 表示为两个加数的和,使两个加数分别能被 13 和 11 整除,请选择填空。________。

```
# include <stdio.h>
main()
{   int x=0,j,n;
    do{x++;    n=316-13*x;}while(_________);
    j=n/11;
    printf("316=13*%d+11*%d",x,j);
}
```

A. n%11==0　　B. n/11　　C. n%11　　D. n/11==0

【微信扫码】
补充习题&参考答案

第六章 函 数

一、典型例题解析

1. 有以下程序，程序运行后的输出结果是________。

```
# include <stdio.h>
int  a(int x);
main()
{  int n=1,m;  m=a(a(a(n)));   rintf("%d\n",m);}
int  a(int x)
{  return x*2;}
```

A. 8　　B. 2　　C. 4　　D. 1

【参考答案】 A

【解析】 第一次调用 m=a(a(a(1)))，第二次为 m=a(a(2))，第三次为 m=a(4)，即返回值为 8。

2. 设有如下函数定义，若执行调用语句 n=fun(3)，则函数 fun 总共被调用的次数是________。

```
# include <stdio.h>
int fun(int x)
{  if (x<1)  return  0;
    else  if (x==1)  return  1;
    else  return  fun(x-1)+1;  }
```

A. 2　　B. 3　　C. 4　　D. 5

【参考答案】 B

【解析】 首先 n=fun(3)，3 被当作参数传递进去，进行第一次调用，3 被当做参数传进去后，程序会执行这句 else return fun(x-1)+1；进行第二次调用，而参数是 3-1 也就是 2。2 被当做参数传进去后，程序会执行这句 else return fun(x-1)+1；进行第三次调用，而参数是 2-1 也就是 1。1 被当做参数传进去后，程序会执行这句 else if(x==1) return 1；不再递归调用，所以最终结果为 3 次。

3. 有以下程序，程序运行后的输出结果是________。

```
# include <stdio.h>
f (int a,int b)
{ static int m=0,i=2;
  i+=m+1;  m=i+a+b;  return m;}
```

```
main()
{ int x=1,m=1,k;
  k=f (x,m);   printf("%d,",k);
  k=f (x,m);   printf("%d\n",k);   }
```

A. 5,11　　　　B. 5,5　　　　C. 11,11　　　　D. 11,5

【参考答案】 A

【解析】 static 声明静态局部变量,函数调用结束后,其占用的存储单元不释放,在下次该函数调用时,该变量保留上一次函数调用结束时的值。本题函数 f 中的变量 i 和 m 均为静态局部变量。所以第一次调用 f 函数,返回 m 的值为 5,第二次再调用 f 函数时,i 的值为 3,m 的值已经是 5 了,所以执行 i+=m+1,i 的值变为 9,m=i+a+b=9+1+1=11。

4. 有以下程序,程序运行后的输出结果是________。

```
#include <stdio.h>
int fun()
{  static   int x=1;   x*=2;   return   x;   }
main()
{  int a,s=1;
   for(a=1;a<=3;a++)   s*=fun();
   printf("%d\n",s);   }
```

A. 10　　　　B. 30　　　　C. 0　　　　D. 64

【参考答案】 D

【解析】 静态局部变量 x,在静态存储区内分配存储单元。在程序整个运行期间都不释放。所以第一次循环 s 的值为 2,第二次循环中,返回的 x 的值为 4,所以 s 的值为 8,第三次循环,返回的 x 的值为 8,所以 s 的值为 64。

二、实战与思考

1. 以下正确的说法是________。

A. 用户若需调用标准库函数,调用前必须重新定义。

B. 用户可以重新定义标准库函数,若如此,该函数将失去原有含义。

C. 系统根本不允许用户重新定义标准库函数。

D. 用户若需调用标准库函数,调用前不必使用预编译命令将该函数所在文件包括到用户源文件中,由系统自动去调用。

2. 以下正确的函数形式是________。

A.
```
double fun(int x,int y)
{
z=x+y;
return z;
}
```

B.
```
fun(int x,y)
{
   int z;
   return z;
}
```

C. fun(x,y)

```
{
  int x,y;
  double z;
  z=x+y;
  return z;
}
```

D. double fun(int x,int y)

```
{
    double z;
    z=x+y;
    return z;
    }
```

3. 如果一个函数没有返回值,那么该函数的类型是________。

A. int　　B. char　　C. float　　D. void

4. C 语言允许函数值类型缺省定义,此时该函数值隐含的类型是________。

A. int　　B. char　　C. float　　D. void

5. 以下说法不正确的是________。

A. 实参可以是常量、变量或表达式　　B. 形参可以是常量、变量或表达式

C. 形参可以为任意类型　　D. 形参应与其对应的实参类型一致

6. 一个函数形参的作用域是________。

A. main 函数　　B. 形参所在函数体

C. 从定义处到文件尾　　D. 整个程序

7. 以下关于形参和实参的说明中,错误的是________。

A. 实参和形参占用不同的内存单元,即使同名也相互不影响

B. 实参在进行函数调用时,它们都必须有确定的值,以便把这些值传给形参

C. 实参对形参的数据传送是双向的,可以把实参的值传给形参,也可以把形参的值反向传给实参

D. 形参变量只有在被调用时才分配内存单元

8. C 语言规定,简单变量做实参时,它和对应形参之间的数据传递方式是________。

A. 地址传递

B. 单向值传递

C. 由实参传递给形参,再由形参传回给实参

D. 由用户指定传递方式

9. 关于函数调用的形式,以下错误的描述是________。

A. 可以出现在执行语句中　　B. 可以出现在一个表达式中

C. 可以作为一个函数的实参　　D. 可以作为一个函数的形参

10. C 语言规定,函数返回值的类型是由________。

A. return 语句中的表达式类型所决定　　B. 调用该函数时的主调函数类型所决定

C. 调用该函数时系统临时决定　　D. 在定义该函数所指定的函数类型所决定

11. 以下函数原型声明语句正确的是________。

A. void f(int x);　　B. void f(x);　　C. void f(int x)　　D. void(int x);

12. C 语言主要是借助以下哪个功能来实现程序模块化________。

A. 定义函数　　B. 定义常量和外部变量

C. 三种基本结构语句　　D. 丰富的数据类型

13. 有以下程序,程序运行后的输出结果是________。

```
#include <stdio.h>
int f(int x);
main()
{   int a,b=0;
    for (a=0;a<3;a++)
    { b=b+f(a);putchar('A'+b);   }
}
int f(int x)
{   return   x*x+1;}
```

A. ABE　　B. BDI　　C. BCF　　D. BCD

14. 有以下程序,程序运行后的输出结果是________。

```
#include <stdio.h>
void func(int n)
{   int i;
    for (i=0;i<=n;i++) printf("*");
    printf("# ");   }
main()
{   func(3);   printf("????");   func(4);   printf("\n");   }
```

A. ***#????****#　　B. ****#????****#

C. **#????*****#　　D. ****#????*****#

15. 有以下程序,程序运行后的输出结果是________。

```
#include <stdio.h>
double f(double x);
main()
{   double a=0;   int i;
    for(i=0;i <30;i+=10)   a+=f((double)i);
    printf("%5.0f\n",a);   }
double f(double x)
{   return x*x+1;   }
```

A. 503　　B. 401　　C. 500　　D. 1404

16. 有以下程序,程序运行后的输出结果是________。

```
int f (int x,int y)
{   if ( x!=y) return ((x+ y)/2);
    else return (x);   }
main()
{   int a=4,b=5,c=6;   printf("%d\n",f ( 2*  a,f (b,c)));   }
```

A. 3　　B. 6　　C. 8　　D. 12

17. 以下关于 return 语句的叙述中正确的是________。
   A. 一个自定义函数中必须有一条 return 语句
   B. 一个自定义函数中可以根据不同情况设置多条 return 语句
   C. 定义成 void 类型的函数中可以有带返回值的 return 语句
   D. 没有 return 语句的自定义函数在执行结束时不能返回到调用处

18. 有以下程序，程序的运行结果为________。

```
#include <stdio.h>
void f1(int p)
{   int d=2;   p=d++;   printf("%d",p);   }
main()
{   int a=1;   f1(a);   printf("%d\n",a);   }
```

   A. 32　　B. 12　　C. 21　　D. 22

19. 下面的函数调用语句中 f1 函数的实参个数是________。

```
f1(f2(v1,v2),(v3,v4,v5),(v6,max(v7,v8)));
```

   A. 3　　B. 4　　C. 5　　D. 8

20. 有以下程序，程序运行后的输出结果是________。

```
#include <stdio.h>
int f1(int m)
{ static int n=0;
  n+=m;   return n;   }
main()
{   int n=0;   printf("%d,",f1(++n));   printf("%d\n",f1(n++));   }
```

   A. 1,2　　B. 1,1　　C. 2,3　　D. 3,3

21. 以下选项中叙述错误的是________。
   A. C 程序函数中定义的赋有初值的静态变量，每调用一次函数，赋一次初值
   B. 在 C 程序的同一函数中，各复合语句内可以定义变量，其作用域仅限本复合语句内
   C. C 程序函数中定义的自动变量，系统不自动赋确定的初值
   D. C 程序函数的形参不可以说明为 static 型变量

22. 有以下程序，程序运行后的输出结果是________。

```
#include <stdio.h>
#define S(x) 4*(x)*x+1
main()
{   int k=5,j=2;   printf("%d\n",S(k+j));   }
```

   A. 197　　B. 143　　C. 33　　D. 28

23. 有以下程序，程序运行后的输出结果是________。

```
#include <stdio.h>
int fun()
```

```
{   static int x=1;
    x+=1;   return x;
}
main()
{   int i,s=1;
    for(i=1;i<=5;i++)   s+=fun();
    printf("%d\n",s);
}
```

A. 11　　B. 21　　C. 6　　D. 120

24. 有以下程序,程序运行后的输出结果是________。

```
#include <stdio.h>
int fun()
{   static int x=1;
    x*=2;   return x;   }
main()
{   int i,s=1;
    for( i=1;i<=2;i++)
    s=fun();
    printf("%d\n",s);   }
```

A. 0　　B. 1　　C. 4　　D. 8

25. 有以下程序,程序运行后的输出结果是________。

```
#include <stdio.h>
#define SUB(a) (a)-(a)
main()
{   int a=2,b=3,c=5,d;
    d=SUB(a+b)*c;   printf("%d\n",d);
}
```

A. 0　　B. -12　　C. -20　　D. 10

26. 有以下程序,程序运行后的输出结果是________。

```
#include <stdio.h>
void fun(int p)
{   int d=2;   p=d++;   printf("%d",p);   }
main()
{   int a=1;   fun(a);   printf("%d\n",a);   }
```

A. 32　　B. 12　　C. 21　　D. 22

27. 有以下程序,程序运行后的输出结果是________。

```
#include <stdio.h>
int f(int n);
```

```
main()
{   int a=3,s;   s=f(a);   s=s+f(a);   printf("%d\n",s);   }
    int f(int n)
{   static int a=1;
n+=a++;   return n;
}
```

A. 7　　B. 8　　C. 9　　D. 10

28. 有以下程序,程序运行后的输出结果是________。

```
#include <stdio.h>
#define f(x) x*x*x
main()
{   int a=3,s,t;
    s=f(a+1);   t=f((a+1));   printf("%d,%d\n",s,t);
}
```

A. 10,64　　B. 10,10　　C. 64,10　　D. 64,64

29. 设函数中有整型变量 n,为保证其在未赋初值的情况下初值为 0,应该选择的存储类别是________。

A. auto　　B. register　　C. static　　D. auto 或 register

30. 有以下程序,程序运行后的输出结果是________。

```
#include <stdio.h>
#define P 3.5;
#define S(x) P*x*x;
main()
{   int a=1,b=2;   printf("%4.1f\n",S(a+b));   }
```

A. 14.0　　B. 31.5　　C. 7.5　　D. 程序有错无输出结果

31. 以下程序的输出结果是________。

```
func(int a,int b)
{ int c;c=a+b;return c;}
main()
{   int x=6,y=7,z=8,s;
    s=func((x--,y++,x+y),z--);
    printf("%d\n",s);
}
```

A. 21　　B. 11　　C. 31　　D. 20

32. 求平方根函数的函数名为________。

A. sqrt　　B. pow　　C. cos　　D. abs

第七章 数 组

一、典型例题解析

1. 有以下程序,程序的运行结果是________。

```
# include <stdio.h>
main()
{ char   a[]="012xy\08s34f4w2";
  int i,s=0;
  for (i=0;a[i]! =0;i++)
     if(a[i] >='0' && a[i] <='9') s++;
  printf("%d \n",s);   }
```

A. 0　　B. 3　　C. 7　　D. 8

【参考答案】 B

【解析】 遇到"\"字符循环结束,所以只统计"\"之前的数字字符,所以为3。

2. 有以下程序,程序的运行结果是________。

```
# include <stdio.h>
void fun(intx,int y)
{   int t;t=x;x=y;y=t;   }
main()
{   int a[10]={1,2,3,4,5,6,7,8,9,0},i;
    for (i=0;i<10;i+=2)   fun(a[i],a[i+1]);
    for (i=0;i<10;i++)   printf("%d,",a[i]);
    printf("\n");   }
```

A. 1,2,3,4,5,6,7,8,9,0,　　B.2,1,4,3,6,5,8,7,0,9,

C. 0,9,8,7,6,5,4,3,2,1,　　D. 0,1,2,3,4,5,6,7,8,9,

【参考答案】 A

【解析】 函数调用数据是单向传送。即只能把实参的值传送给形参,而不能把形参的值反向传送给实参。因此在函数调用过程中,形参的值发生改变,而实参中的值不会变化,所以数组a中的元素的值并没有变化。

3. 有以下程序,程序的运行结果是________。

```
# include <stdio.h>
void fun(intb[ ],int n)
{   int t,i,j;
```

```
    for (i=1;i<n;i+=2)   for (j=i+2;j<n;j+=2)
        if (b[i]>b[j])   {t=b[i];b[i]=b[j];b[j]=t;}
}
main()
{   int a[10]={10,9,8,7,6,5,4,3,2,1},i;
    fun(a,10);
    for (i=0;i<10;i++)   printf("%d,",a[i]);
    printf("\n");   }
```

A. 1,10,3,8,5,6,7,4,9,2,　　B. 10,9,8,7,6,5,4,3,2,1,

C. 2,9,4,7,6,5,8,3,10,1,　　D. 10,1,8,3,6,5,4,7,2,9,

【参考答案】 D

【解析】 首先对一维数组进行初始化，a[0]到 a[9]依次赋值为 10 到 1；fun(a,10)语句调用 fun 函数，fun 函数的功能是将一维数组偶数位元素的数值由小到大排序；最后将排好序的新的一维数组进行输出。

4. 有以下程序，程序的运行结果是________。

```
#include <stdio.h>
int fun(int a[],int n)
{   if (n>1)
        return   a[n-1]+f(a,n-1)*10;
    else
        return   a[0];   }
main()
{   int   x[3]={1,2,3},y;
    y=fun(x,3);
    printf("%d\n",y);   }
```

A. 321　　B. 123　　C. 1　　D. 3

【参考答案】 B

【解析】 fun 函数采用递归的方式来实现，位数是递增的。

二、实战与思考

1. char a[]="This is a program.";输出前 5 个字符的语句是________。

A. printf("%.5s",a);　　B. puts(a);

C. a[5*2]=0;puts(a);　　D. printf("%s",a);

2. 下列定义数组的语句中不正确的是________。

A. static int a[][]={{1,2,3},{4,5,6}};　　B. static int a[][3]={{1},{4}};

C. static int a[2][3]={{1},{4,5}};　　D. static int a[2][3]={1,2,3,4,5,6};

3. 执行下面的程序段后，变量 k 中的值为________。

```
int k=3,s[2];s[0]=k;k=s[1]*10;
```

A. 33　　B. 10　　C. 30　　D. 不定值

4. 若有定义语句 char c[5]={'a','b','\0','c','\0'};则执行语句 pritnf("%s",c);的结果是________。

A. ab c　　B. ab\0c　　C. 'a''b'　　D. ab

5. 以下程序的输出结果是________。

```
main()
{   int i,x[3][3]={1,2,3,4,5,6,7,8,9};
    for(i=0;i<3;i++)   printf("%d,",x[i][2-i]);   }
```

A. 1,5,9,　　B. 3,6,9,　　C. 1,4,7,　　D. 3,5,7,

6. 假定 int 类型变量占用两个字节,其有定义 int x[10]={0,2,4};则数组 x 在内存中所占字节数是________。

A. 10　　B. 6　　C. 3　　D. 20

7. 有以下程序,若运行时输入:2 4 6<回车>,则输出结果为________。

```
#include <stdio.h>
main()
{   int x[3][2]={0},i;
    for(i=0;i<3;i++)   scanf("%d",x[i]);
    printf("%3d%3d%3d \n",x[0][0],x[0][1],x[1][0]);
}
```

A. 2　0　4　　B. 2　0　0　　C. 2　4　0　　D. 2　4　6

8. 有以下程序,程序的运行结果是________。

```
#include <stdio.h>
main()
{   int s[12]={1,2,3,4,4,3,2,1,1,1,2,3},c[5]={0},i;
    for(i=0;i<12;i++)   c[s[i]]++;
    for(i=1;i<5;i++)   printf("%d",c[i]);
    printf("\ n");
}
```

A. 2 3 4 4　　B. 4 3 3 2　　C. 1 2 3 4　　D. 1 1 2 3

9. 有以下程序,程序的运行结果是________。

```
#include <stdio.h>
main()
{   int b[3][3]={0,1,2,0,1,2,0,1,2},i,j,t=1;
    for(i=0;i<3;i++)
       for(j=i;j<=i;j++)
           t+=b[i][b[j][i]];printf("%d\n",t);
}
```

A. 3　　B. 4　　C. 1　　D. 9

10. 以下不能对二维数组 c 进行正确初始化的语句是________。

A. int c[2][3]={0};　　B. int c[2][3]={{1,2},{3,4},{5,6}};

C. int c[][3]={{1,2},{0}};　　D. int c[][3]={1,2,3,4,5,6};

11. 以下能正确定义数组并正确赋初值的语句是________。

A. int c[2][]={{1,2},{3,4}};　　B. int N=5,b[N][N];

C. int a[1][2]={{1},{3}};　　D. int d[3][2]={{1,2},{34}};

12. 若有说明 int s[3][4]={0};则下面正确的叙述是________。

A. 数组 s 中每个元素均可得到初值 0

B. 只有元素 s[0][0]可得到初值 0

C. 此说明语句不正确

D. 数组 s 中各元素都可得到初值,但其值不一定为 0

13. 以下程序段的输出结果为________。

```
chart[]="abc";int n=0;do;while(t[n++]!='\0');printf("%d",n-1);
```

A. abc　　B. 3　　C. ab　　D. 2

14. 设有数组定义:char s[ ]="China";则数组 s 所占的空间为________。

A. 5 个字节　　B. 7 个字节　　C. 4 个字节　　D. 6 个字节

【微信扫码】

补充习题&参考答案

第八章 指 针

一、典型例题解析

1. 有以下程序，程序运行后输出结果是________。

```
#include <stdio.h>
void s (char  *x,char  *y)
{ char  t;
  t=*x;  *x=*y;  *y=t;}
main()
{ char *x1="abc",*x2="123";  s (x1,x2);  printf("%s,%s\ n",x1,x2);  }
```

A. 321,cba　　B. abc,123　　C. 123,abc　　D. 1bc,a23

【参考答案】 D

【解析】 字符串是一个特殊的数组，所以按照数组的规则，x1 指向数组的首地址，即"abc"的第一个字符的地址。x2 指向的是"123"的第一个字符的地址。调用 s 函数之后交换的是两个字符串的第一个字符 'a' 和 '1' 的内容。

2. 有以下程序，程序运行后输出结果是________。

```
#include <stdio.h>
int  m=5;
void fun(int *p)
{p=&m;*p=m;  }
main()
{  int  x=3;  fun(&x);  printf("%d,%d\ n",x,m);}
```

A. 3,3　　B. 5,5　　C. 3,5　　D. 5,3

【参考答案】 C

【解析】 函数 fun()的功能是：定义一个临时的整型指针变量 p，指向全局变量 m，然后用 m 的值对 p 指向的内存地址进行赋值，结果是 m 的值不变；另外在调用函数 f()过程中，虽然使用 x 的地址初始化 p，但是 p 在 fun 函数内部又被指向 k 的地址，所以 p 的后续操作对 x 没有任何影响。

3. 有以下程序，程序运行后输出结果是________。

```
#include <stdio.h>
#include <string.h>
void  f (char *s,int m1,int m2)
{  char  t,*p;
```

```
    p=s+m1;  s=s+m2;
    while(s<p)
    {  t=*s;*s=*p;  *p=t;  s++;  p--;  }
}
main()
{  char  ss[10]="012345678";  int n=6;
   f (ss,0,n-1);  f (ss,9,n);  f (ss,0,9);
   printf("%s\n",ss);
}
```

A. 012345 B. 876543210 C. 876543 D. 012345678

【参考答案】 A

【解析】 函数 f()的功能是:如果 m1>m2,交换数组元素 ss[m1],ss[m2]。因此,f(ss,0,5)后 ss 的 0,1,2,3,4,5,6,7,8,\0。f(ss,9,6)后 ss 的 0,1,2,3,4,5,\0,8,7,6。f(ss,0,9)后 ss 的 0,1,2,3,4,5,\0,8,7,6。

4. 有以下程序,程序运行后输出结果是________。

```
#include <stdio.h>
void  f (char  *a,char  *b)
{  char  *s=a;
   while(*s) s++;  s--;
   while(s>=a)
   {  *b=*s;s--;b++;}
   *b='\0';
}
main()
{  char  x1[]="abc",x2[6];
   f (x1,x2);  puts(x2);
}
```

A. cbaabc B. abc C. cba D. abccba

【参考答案】 C

【解析】 函数 f()的功能是:将第一个参数指向的字符串逆序的赋值给第二个参数,f()首先循环至第一个参数的末端,再从后至前,循环的赋值给第二个参数,因此第二个参数里的内容和第一个参数内容的逆序。

二、实战与思考

1. 若已定义 int a[4][3]={1,2,3,4,5,6,7,8,9,10,11,12},(*prt)[3]=a,*p=a[0];
则能够正确表示数组元素 a[1][2]的表达式是________。

A. *((*prt+1)[2]) B. *(*(a+1)+2) C. *(*(p+5)) D. (*prt+1)+2

2. 若有 int a[][2]={{1,2},{3,4}};则*(a+1),*(*a+1)的含义分别为________。

A. &a[0][1],3　　B. 非法,2　　C. &a[1][0],2　　D. a[0][0],4

3. 设有以下语句，若 0<k<4,下列选项中对字符串的非法引用是________。

```
char str[4][4]={"aaa","bbb","ccc","ddd"},*strp[4];    int j;
  for (j=0;j<4;j++)
    strp[j]=str[j];
```

A. *strp　　B. strp[k]　　C. str[k]　　D. strp

4. 若有说明 int *p1,*p2,m=5,n;以下均是不正确赋值语句的选项是________。

A. p1=&m;*p2=*p1;　　B. p1=&m;p2=p1;

C. p1=&m;p2=&p1　　D. p1=&m;p2=&n;*p1=*p2;

5. 若有定义和语句：

```
int a[4][3]={1,2,3,4,5,6,7,8,9,10,11,12},(*prt)[3]=a,*p[4],i;
for(i=0;i <4;i++)
  p[i]=a[i];
```

则不能够正确表示 a 数组元素的表达式是________。

A. (*(p+1))[1]　　B. a[4][3]　　C. p[0][0]　　D. prt[2][2]

6. 有以下程序，程序运行后的输出结果是________。

```
main()
{   int a[]={2,4,6,8,10},y=1,x,*p;    p=&a[1];
    for(x=0;x <3;x++)
       y+=*(p+x);
    printf("%d\ n",y);   }
```

A. 20　　B. 18　　C. 17　　D. 19

7. 若有定义和语句 int a[4][5],(*cp)[5];cp=a;则对 a 数组元素的引用正确的是________。

A. *(cp+3)　　B. *(*cp+2)　　C. *(cp+1)+3　　D. cp+1

8. 若 int *p=(int *)malloc(sizeof(int));,则向内存申请到内存空间存入整数 123 的语句为________。

A. scanf("%d",p);　　B. scanf("%d",&p);　　C. scanf("%d",**p);　　D. scanf("%d",*p);

9. 有以下程序，程序运行后的输出结果是________。

```
main()
{int k=2,m=4,n=6;    int *pk=&k,*pm=&m,*p;
     *(p=&n)=*pk *(*pm);    printf("%d\ n",n);
}
```

A. 8　　B. 10　　C. 6　　D. 4

10. 当运行以下程序时输入 OPEN THE DOOR<CR>,则输出结果是________。

```
#include <stdio.h>
char   fun(char   *c)
```

```
{   if(*c <='Z' && *c>='A')   *c-='A'-'a';   return *c;   }
main()
{   char   s[8],*p=s;
    gets(s);
    while(*p)
    {   *p=fun(p);   putchar(*p);   p++;}
    putchar('\ n');
}
```

A. oPEN tHE dOOR　　B. Open The Door

C. open the door　　D. OPEN THE DOOR

11. 若有 int a[10]={0,1,2,3,4,5,6,7,8,9},*p=a;则输出结果不为 5 的语句为________。

A. printf("%d",*p[5]);　　B. printf("%d",p[5]);

C. printf("%d",*(p+5));　　D. printf("%d",*(a+5));

12. 具有相同类型的指针变量 p 与数组 a,不能进行的操作是________。

A. p=&a[0];　　B. p=a;　　C. p=&a;　　D. *p=a[0];

13. 已知 p,p1 为指针变量,a 为数组名,j 为整型变量,下列赋值语句中不正确的是________。

A. p=&a[j];　　B. p=a;　　C. p=10;　　D. p=&j,p=p1;

14. 有以下程序,程序运行后的输出结果是________。

```
fun(int *s,int n1,int n2)
{   int i,j,t;   i=n1;   j=n2;
    while(i<j)
    { t=*(s+i);*(s+i)=*(s+j);*(s+j)=t;i++;j--;   }
}
main()
{ int a[10]={1,2,3,4,5,6,7,8,9,0},i,*p=a;
  fun(p,0,3);
  fun(p,4,9);
  fun(p,0,9);
  for(i=0;i<10;i++)
     printf("%d",*(a+i));
}
```

A. 5678901234　　B. 0987651234

C. 0987654321　　D. 4321098765

【微信扫码】
补充习题&参考答案

第九章 字符串

一、典型例题解析

1. 请在程序的下划线处填入正确的内容。函数 f 的功能是：计算出形参 p 所指字符串中包含的单词个数，作为函数值返回。为便于统计，规定各单词之间用空格隔开。例如，形参 p 所指的字符串为：It looks like a TV，函数的返回值为 5。

```
#include <stdio.h>
int f (char  *p)
{ int n=0,flag=0;
  while(*p!='\0')
  { if(*p!=' ' && flag==0)
     { ___①___;flag=1;  }
  if (*p==' ')  flag=___②___;
     ___③___;
  }
  return  n;
}
main()
{ char  s [81];  int n;
  printf("\nEnter a line text:\n");
  gets(s);
  n=f (s);
  printf("\nThere are%d words in this text.\n\n",n);
}
```

【参考答案】 ① n++ ② 0 ③ p++

【解题思路】

填空①：用变量 n 来统计单词个数，当前字母不是空格且 flag 状态标志为 0 时，可以判断出现一个新的单词，则单词数就加 1，将状态标志 flag 置为 1，所以应填 n++。

填空②：当前字符是空格时，flag 状态标志置为 0，所以应填 0。

填空③：判断完一个字符之后，要继续判断字符串的下一个位置，所以应填 p++。

二、实战与思考

1. 以下程序段中，不能正确赋字符串（编译时系统会提示错误）的是________。

A. char s[10];strcpy(s,"abcdefg");　　B. char s[10]="abcdefg";

C. char t[]="abcdefg",*s=t;　　D. char s[10];s="abcdefg";

2. 以下程序段的输出结果是________。

```
pritnf("%d\ n",strlen("ATS\ n012\ 1\ \ "));
```

A. 8　　B. 11　　C. 10　　D. 9

3. 以下不能正确进行字符串赋初值的语句是________。

A. char str[]="good! ";　　B. char str[5]="good! ";

C. char *str="good! ";　　D. char str[5]={'g','o','o','d',0};

4. 从键盘上输入某字符串时，不可使用的函数是________。

A. gets()　　B. fread()　　C. scanf()　　D. getchar()

5. 有以下程序，程序运行后的输出结果是________。

```
#include <stdio.h>
#include <string.h>
void fun(char *w, int m)
{ char s,*p1,*p2;
  p1=w;p2=w+m-1;
  while(p1<p2)
  { s=*p1++; *p1=*p2--; *p2=s; }
}
main()
{ char a[]="ABCDEFG"; fun(a,strlen(a)); puts(a); }
```

A. AGADAGA　　B. AGAAGAG　　C. GFEDCBA　　D. GAGGAGA

6. 设有定义 char s[81];int i=0;，以下不能将一行(不超过 80 个字符)带有空格的字符串正确读入的语句或语句组是________。

A. gets(s);

B. while((s[i++]=getchar())! ='\ n');s[i]='\ 0';

C. scanf("%s",s);

D. do{scanf("%c",&s[i]);}while(s[i++]! ='\ n');s[i]='\ 0';

7. 有以下程序，程序运行后的输出结果是________。

```
#include <stdio.h>
voidmain()
{ int c[6]={10,20,30,40,50,60},*p,*s;
  p=c; s=&c[5];
  printf("%d\ n",s-p);
}
```

A. 5　　B. 50　　C. 6　　D. 60

8. 有以下程序，程序运行后的输出结果是________。

```
#include <stdio.h>
void main()
{   int a[ ]={2,4,6,8},*p=a,i;
    for(i=0;i<4;i++)
        a[i]=*p++;
    printf("%d\n",a[2]);
}
```

A. 2　　　　B. 8　　　　C. 4　　　　D. 6

9. 有以下程序，程序运行后的输出结果是________。

```
int b=2;
int fun(int*k)
{   b=*k+b;   return(b);}
void main()
{ int s[10]={1,2,3,4,5,6,7,8},i;
    for(i=2;i<4;i++)
        {   b=fun(&s[i])+b;   printf("%d",b);   }
}
```

A. 10 12　　　　B. 8 10　　　　C. 10 28　　　　D. 10 16

10. 有以下程序，程序执行后，输出结果是________。

```
void fun(int *a)
{   a[0]=a[1];   }
void main()
{   int a[10]={10,9,8,7,6,5,4,3,2,1},i;
    for(i=2;i>=0;i--)
        fun(&a[i]);
    for(i=0;i<10;i++)
        printf("%d",a[i]);
    printf("\n");
}
```

A. 7777654321　　　　B. 12345678910　　　　C. 10987654321　　　　D. 6543217777

【微信扫码】
补充习题&参考答案

第十章　结构体与共用体

一、典型例题解析

1. 有以下程序，程序运行后的输出结果是________。

```
#include <stdio.h>
struct  std
{  int x;
   struct  std *y;
 } *s;
struct std a[4]={20,a+1,15,a+2,30,a+3,17,a  };
main()
{  int i;  s=a;
   for(i=1;i<=2;i++)  {printf("%d,",s->x);  s=s->y;}
}
```

A. 20,30,　　B. 30,17　　C. 15,30,　　D. 20,15,

【参考答案】 D

【解析】 本题考查结构体变量的引用以及结构体数组，s指向a数组的第一个元素，所以s->x为20，然后s=s->y后，s指向数组a的第二个元素。

2. 有以下程序，程序运行后的输出结果是________。

```
#include <stdio.h>
struct sd
{  int x,y;
}a[2]={1,2,3,4};
main()
{  struct sd  *p=a;
   printf("%d,",++(p->x));  printf("%d\n",++(p->y));
}
```

A. 3,4　　B. 4,1　　C. 2,3　　D. 1,2

【参考答案】 C

【解析】 本题考查结构体数组的相关操作，a为结构体数组，那么指针p指向了结构体数组的一个元素，所以p->x为1，p->y为2，所以结果为2,3。

3. 有以下程序，程序运行后的输出结果是________。

```
#include <stdio.h>
struct S {int a;int *b;};
main()
{   int x1[ ]={3,4},x2[ ]={6,7};
    struct S x[ ]={1,x1,2,x2};
    printf("%d,%d\n",*x[0].b,*x[1].b);
}
```

A. 3,6　　　B. 1,2　　　C. 4,7　　　D. 变量的地址值

【参考答案】 A

【解析】 程序的执行过程为：定义整型数组 x1,x2 并进行初始化，两个数组长度均为 2。定义结构体数组 x，并为其初始化，则 x[0].a=1,x[0].b=x1,x[1].a=2,x[0].b=x2。输出 x[0]的成员指针 b 指向的内存单元值，即数组 x1 的第一个元素 3，输出 x[1]的成员指针 b 指向的内存单元值，即数组 x2 的第一个元素 6。程序的运行结果是 3,6。

4. 程序中已构成如下图所示的不带头结点的单向链表结构，指针变量 s、pp、qq 均已正确定义，并用于指向链表结点，指针变量 s 总是作为指针指向链表的第一个结点。

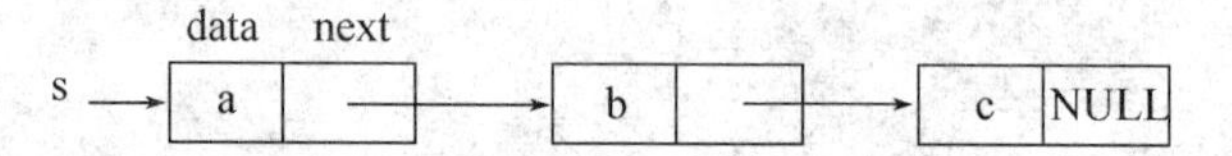

若有以下程序段，该程序段实现的功能是________。

```
qq=s;s=s->next;pp=s;
while(pp->next) pp=pp->next;
pp->next=qq;    qq->next=NULL;
```

A. 删除尾结点　　　B. 尾结点成为首结点

C. 删除首结点　　　D. 首结点成为尾结点

【参考答案】 D

【解析】 本题考查链表的操作，本题中首先是 s 指向了它的下个节点，题目中说明了 s 总是指向链表的第一个节点，然后 while 循环找到链表的最后一个元素，然后最后一个元素指向了之前链表的头节点，之前头节点指向了空节点，所以本题实现的效果是使首节点成为尾节点。

5. 有以下程序，程序运行后的输出结果是________。

```
#include <stdio.h>
#include <string.h>
typedef struct {char name[9];char sex;float score[2];} ST;
void  ff(ST  a)
{   ST b={"Zhao",'m',85.0,90.0};   int i;
    strcpy(a.name,b.name);
    a.sex=b.sex;
    for (i=0;i<2;i++)   a.score[i]=b.score[i];
}
main()
```

```
{   ST    c={"Qian",'f',95.0,92.0};
    ff(c);
    printf("%s,%c,%2.0f,%2.0f\n",c.name,c.sex,c.score[0],c.score[1]);
}
```

A. Zhao,m,85,90　　　　B. Qian,m,85,90

C. Zhao,f,95,92　　　　D. Qian,f,95,92

【参考答案】 D

【解析】 本题考查结构体的相关操作以及传值、传址的区别，该题中调用 ff 函数后，会生成参数 c 的一个副本，而不会改变 c 的值，所以 c 值维持原值。

二、实战与思考

1. 下面说法中错误的是________。

A. 函数可以返回一个共用体变量

B. 在任一时刻,共用体变量的各成员只有一个有效

C. 共用体内的成员可以是结构变量,反之亦然

D.共用体变量的地址和它各成员的地址都是同一地址

2. 以下程序的输出结果是________。

```
main()
{   struct   cmplx
    { int x;
        int y;
    }cnum[2]={1,3,2,7};
    printf("%d\n",cnum[0].y/cnum[0].x *cnum[1].x);
}
```

A. 0　　　　B. 3　　　　C. 6　　　　D. 1

3. 设有如下定义 struct sk{int a;float b;} data,*p;若要使 p 指向 data 中的 a 域，正确的赋值语句是________。

A. p=&data.a;　　　　B. p=(struct sk*) data.a;

C. p=(struct sk*)&data.a;　　　　D. *p=data.a;

4. 若已建立下面的链表结构，指针 p、s 分别指向图中所示结点，则不能将 s 所指的结点插入到链表末尾的语句组是________。

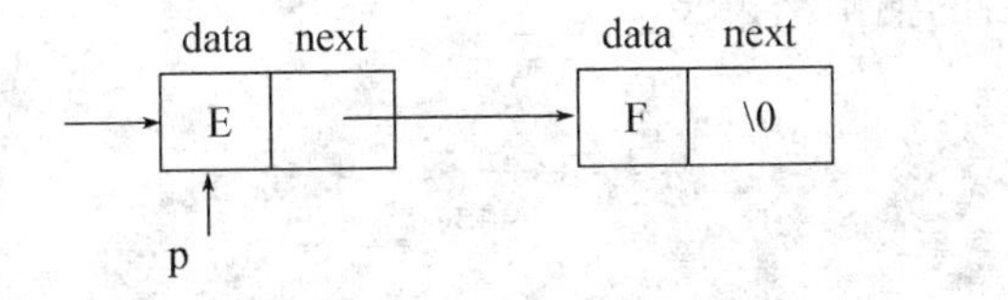

A. p=p->next;s->next=p;p->next=s;

B. s->next='\0';p=p->next;p->next=s;

C. p=p->next;s->next=p->next;p->next=s;

D. p=(*p).next;(*s).next=(*p).next;(*p).next=s;

5. 程序中已构成如下图所示的不带头结点的单向链表结构，指针变量 s、p、q 均已正确定义，并用于指向链表结点，指针变量 s 总是作为指针指向链表的第一个结点。若有以下程序段

```
q=s;s=s->next;p=s;
while(p->next) p=p->next;
p->next=q;q->next=NULL;
```

该程序段实现的功能是________。

A. 删除尾结点　　B. 尾结点成为首结点

C. 删除首结点　　D. 首结点成为尾结点

6. 假定已建立以下链表结构，且指针 p 和 q 已指向如图所示的结点:则以下选项中可将 q 所指结点从链表中删除并释放该结点的语句组是________。

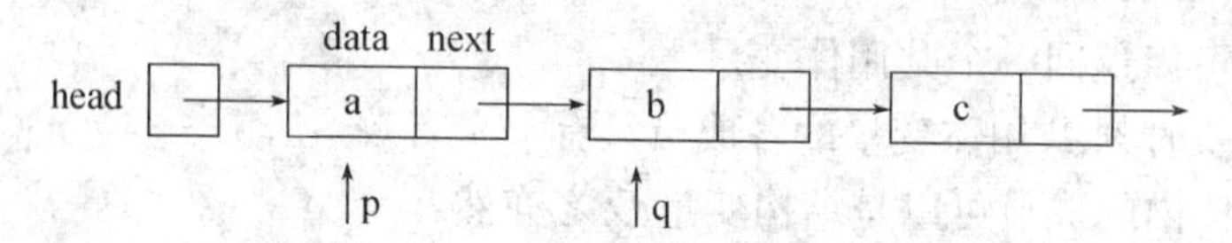

A. p->next=q->next;　free(q);　　B. p=q->next;free(q);

C. p=q;free(q);　　D. (*p).next=(*q).next;free(p);

7. 已知字符 0 的 ASCII 码值的十进制数是 48，且数组的第 0 个元素在低位，以下程序的输出结果是________。

```
main()
{ union
  {  int i[2];  long  k;  char  c[4];  } r,*s=&r;
  s->i[0]=0x39;  s->i[1]=0x38;
  printf("%x\n",s->c[0]);
}
```

A. 38　　B. 9　　C. 39　　D. 8

8. 有以下枚举类型定义：enum a {sum=9,mon=-1,tue};则 tue 的值是________。

A. 3　　B. 11　　C. 2　　D. 0

9. 以下各选项企图说明一种新的类型名，其中正确的是________。

A. typedef v2=int;　　B. typedef v2:int;

C. typedef int v2;　　D. typedef v2 int;

10. 有以下程序，程序运行后的输出结果是________。

```
#include <stdio.h>
#include <string.h>
struct S
{  char name[10];  };
main()
```

```
{  struct S   s1,s2;
   strcpy(s1.name,"XXX");   strcpy(s2.name,"=");
   s1=s2;   printf("%s\ n",s1.name);
}
```

A. X=　　　　B. XXX　　　　C. =XX　　　　D. =

11. 有以下程序段，以下选项中表达式的值为 11 的是________。

```
struct st   {int x;   int *y;} *pt;
int a[]={1,2},b[]={3,4};
struct st   c[2]={10,a,20,b};
pt=c;
```

A. ++pt ->x　　　　B. pt ->x　　　　C. *pt ->y　　　　D. (pt++)->x

【微信扫码】
补充习题&参考答案

第十一章　文　件

一、典型例题解析

1. 有以下程序，若文本文件 file1.txt 中原有内容为：good，则运行以上程序后，文件file1.txt 中的内容为________。

```
#include <stdio.h>
main()
{   FILE   *fp;
    fp=fopen("file1.txt","w");
    fprintf(fp,"aaa");
    fclose(f);
}
```

A. aaad　　B. aaa　　C. goodaaa　　D. aaagood

【参考答案】 B

【解析】 本题考查文件操作函数，执行 fprintf(fp,"aaa")语句后 file1 文件的内容就变为 aaa。

2. 有如下程序，程序运行后，在当前目录下会生成一个 file2. txt 文件，其内容是________。

```
#include <stdio.h>
main()
{   int x;   FILE   *fp;
    for(x=0;x<5;x++)
    {   fp=fopen("file2.txt","w");fputc('A'+x,fp);fclose(fp);   }
}
```

A. E　　B. EOF　　C. ABCDE　　D. A

【参考答案】 A

【解析】 程序执行过程为：i=0 时，以只写方式打开一个文本文件 file2.txt，调用函数 fputc 向文件输入 A，关闭文件；x=1 时，再次以只写方式打开 file2.txt，调用函数 fputc 向文件输入 B 覆盖原本的 A，关闭文件；之后文件内的值依次为 C、D、E，当 x=4 时，文件内为 E，然后关闭文件；x=5 退出循环。file2.txt 文件中内容为 E。

3. 有以下程序，程序运行后的输出结果是________。

```
#include <stdio.h>
main()
```

```
{ FILE *fp;
    int s[10]={1,2,3},i,t;
    fp=fopen("file3.dat","w");
    for(i=0;i<3;i++) fprintf(fp,"%d",s[i]);
fprintf(fp,"\ n");
fclose(fp);
    fp=fopen("file3.dat","r");
fscanf(fp,"%d",&t);
fclose(fp);
    printf("%d\ n",t);
}
```

A. 321　　B. 12300　　C. 1　　D. 123

【参考答案】 D

【解析】 程序首先将数组 s[10]中的元素 1、2、3 分别写入了文件 file3.dat 文件中，然后又将 file3.dat 文件中的数据 123，整体写入到了变量 t 的空间中，所以打印 t 时输出的数据为 123。

4. 有以下程序，程序运行后的输出结果是________。

```
#include <stdio.h>
main()
{ FILE *fp;
    int i,s[6]={1,2,3,4,5,6},k;
    fp=fopen("file4.dat","w+");
    for(i=0;i<6;i++) fprintf(fp,"%d\ n",s[5-i]);
    rewind(fp);
    for(i=0;i<6;i++) { fscanf(fp,"%d",&k); printf("%d,",k); }
    fclose(fp);
}
```

A. 6,5,4,3,2,1,　　B. 1,2,3,4,5,6,　　C. 1,1,1,1,1,1　　D. 6,6,6,6,6,6,

【参考答案】 A

【解析】 fopen("file4.dat","w+");w+打开可读写文件，若文件存在则文件长度清为零，即该文件内容会消失。若文件不存在则建立该文件。rewind(fp);使文件 fp 的位置指针指向文件开始。fprintf(fp,"%d\ n",s[5-i]);将 s[i]输出到 fp 指向的文件中。fscanf(fp,"%d",&k);将 fp 读入到变量 k 中，第一个 for 循环将数组中元素倒着输入到 fp 指向的文件中，rewind()则指向文件开始，因此打印是数组 s 的倒序。

5. 以下程序用来统计文件中字符的个数(函数 feof 用以检查文件是否结束，结束时返回非零)

```
#include <stdio.h>
main()
```

```
{   FILE   *fp;   long num=0;
    fp=fopen("file5.dat","r");
    while(________) {fgetc(fp);num++;}
    printf("num=%d\n",num);
    fclose(fp);
}
```

下面选项中,填入横线处不能得到正确结果的是________。

A. feof(fp)==NULL　　　　B. ! feof(fp)

C. feof(fp)　　　　D. feof(fp)==0

【参考答案】 C

【解析】 feof函数的用法是从输入流读取数据,如果到达文件末尾(遇文件结束符),feof函数值为非零值,否则为0,while判断条件应是如果没有到达文件末尾。

二、实战与思考

1. 函数rewind的作用是________。

A. 将位置指针指向文件中所要求的特定位置

B. 使位置指针自动移至下一个字符位置

C. 使位置指针重新返回文件的开头

D. 使位置指针指向文件的末尾

2. 库函数fgets(p1,1,p2)的功能是________。

A. 从p1指向的文件中读一个字符串,存入p2指向的内存

B. 从p1指向的内存中读一个字符串,存入p2指向的文件

C. 从p2指向的内存中读一个字符串,存入p1指向的文件

D. 从p2指向的文件中读一个字符串,存入p1指向的内存

3. 不仅可将C源程序存在磁盘上,还可将数据按数据类型分别以什么的形式存在磁盘上________。

A. 内存　　B. 寄存器　　C. 缓冲区　　D. 文件

4. 以下叙述中错误的是________。

A. 在利用fread函数从二进制文件中读数据时,可以用数组名给数组中所有元素读入数据

B. 二进制文件打开后可以先读文件的末尾,而顺序文件不可以

C. 在程序结束时,应当用fclose函数关闭已打开的文件

D. 不可以用FILE定义指向二进制文件的文件指针

5. 当顺利执行了文件关闭操作时,fclose函数的返回值是________。

A. TRUE　　B. 1　　C. -1　　D. 0

6. 若以"a+"方式打开一个已存在的文件,则以下叙述正确的是________。

A. 文件打开时,原有文件内容不被删除,位置指针移到文件开头,可作重写和读操作

B. 其他各种说法皆不正确

C. 文件打开时,原有文件内容被删除,只可作写操作

D. 文件打开时,原有文件内容不被删除,位置指针移到文件末尾,可作添加和读操作

7. fseek 函数的正确调用形式是________。

A. fseek(起始点,位移量,文件类型指针)

B. fseek(位移量,起始点,fp)

C. fseek(文件类型指针,起始点,位移量)

D. fseek(fp,位移量,起始点)

8. 有以下程序,程序运行后的输出结果是________。

```
#include <stdio.h>
main()
{  FILE  *fp;int i,k=0,n=0;
   fp=fopen("sing.dat","w");
   for(i=1;i<4;i++)   fprintf(fp,"%d",i);
   fclose(fp);
   fp=fopen("d1.dat","r");
   fscanf(fp,"%d%d",&k,&n);printf("%d  %d\n",k,n);
   fclose(fp);
}
```

A. 1 23　　B. 0 0　　C. 123 0　　D. 1 2

9. 以下可作为函数 fopen 中第一个参数的正确格式是________。

A. c:\ user\ text.txt　　B. c:user\ text.txt

C. "c:\\ user\\ text.txt"　　D. "c:\ user\ text.txt"

10. 利用 fseek 函数可以实现的操作是________。

A. 改变文件的位置指针　　B. 文件的随机读写

C. 文件的顺序读写　　D. 以上答案均正确

11. 以下叙述中不正确的是________。

A. C 语言中,随机读写方式不适用于文本文件

B. C 语言中对二进制文件的访问速度比文本文件快

C. C 语言中,顺序读写方式不适用于二进制文件

D. C 语言中的文本文件以 ASCⅡ码形式存储数据

12. 系统的标准输入文件是指________。

A. 显示器　　B. 键盘　　C. 硬盘　　D. 软盘

13. 不仅可将 C 源程序存在磁盘上,还可将数据按数据类型分别以什么的形式存在磁盘上________。

A. 内存　　B. 寄存器　　C. 缓冲区　　D. 文件

模拟练习

模拟练习一

一、选择题

1. 以下程序运行后的输出结果是________。

```
struct  ST  {char  name[10];  int num;  };
void  fun1(struct ST c)
{ struct  ST  b={"LiSiGuo",2042};  c=b;  }
void  fun2(struct ST  *c)
{ struct  ST  b={"SunDan",2044};  *c=b;  }
main()
{  struct  ST  a={"YangSan",2041},b={"WangYin",2043};
   fun1(a);  fun2(&b);
   printf("%d %d\n",a.num,b.num);  }
```

A. 2041 2043　　B. 2042 2044　　C. 2041 2044　　D. 2042 2043

2. 判断 char 型变量 s1 是否为小写字母的正确表达式是________。

A. (s1>=a)&&(p<=z)　　B. (s1>='a')&&(s1<='z')

C. ('a'>=s1)||('z'<=s1)　　D.'a'<=s1<='z'

3. 若要说明一个类型名 ST，使得定义语句 ST p 等价于 char *p，以下选项中正确的是________。

A. typedef char*ST;　　B. typedef ST *char;

C. typedef ST char *p;　　D. typedef *char ST;

4. 定义结构体的关键字是________。

A. struct　　B. union　　C. enum　　D. typedef

5. 打开文件时，方式“w”决定了对文件进行的操作是________。

A. 追加写盘　　B. 可读可写盘　　C. 只读盘　　D. 只写盘

6. fgetc 函数的作用是从指定文件读入一个字符，该文件的打开方式必须是________。

A. 答案 B 和 C 都正确　　B. 只写

C. 追加　　D. 只读或读写

7. 若要打开 C 盘上 user 子目录下名为 file.txt 的文本文件进行读、写操作，下面符合此要求的函数调用是________。

A. fopen("C:\ user\file.txt","rb")　　B. fopen("C:\ user\file.txt","r")

C. fopen("C:\\user\\ file.txt","w")　　D. fopen("C:\\user \\file.txt","r+")

8. C 语言中的文件的存储方式有________。

A. 只能顺序存取　　B. 可以顺序存取,也可随机存取

C. 只能从文件的开头进行存取　　D. 只能随机存取(或直接存取)

9. 若变量已正确定义并赋值,下面符合 C 语言语法的表达式是________。

A. int 18.5%3　　B. a:=b+1　　C. a=a+7=c+b　　D. a=b=c+2

10. 下列运算符中,不属于关系运算符的是________。

A. >=　　B. !　　C. >　　D. <

11. C 语言中要求对变量作强制定义的主要理由是________。

A. 便于编辑预处理程序的处理　　B. 便于确定类型和分配空间

C. 便于移植　　D. 便于写文件

12. 若 m=2,n=3 则 m&n 的结果是________。

A. 3　　B. 0　　C. 5　　D. 2

13. 若变量已正确定义,执行语句 scanf("%d,%d,%d",&a1,&a2,&a3);时,________是正确的输入。

A. 20 30 40　　B. 2030,40　　C. 20,30 40　　D. 20,30,40

14. 整型变量 s 和 t 的值相等,且为非 0 值,则以下选项中,结果为零的表达式是________。

A. s^t　　B. s||t　　C. s&t　　D. s|t

15. 设 s 为整型变量,初值为 12,执行完语句 s+=s-=s*s 后,s 的值是________。

A. -264　　B. 144　　C. 552　　D. 264

16. 结构化程序由三种基本结构组成,三种基本结构组成的算法________。

A. 可以完成任何复杂的任务　　B. 只能完成一些简单的任务

C. 只能完成符合结构化的任务　　D. 只能完成部分复杂的任务

17. 下列程序段的输出结果是________。(提示:大写字母 A 的 ASCII 码值是 65。)

```
main()
{  char   x,y;
   x='A'+'5'-'3';   y='A'+'5'-'3';
   printf("%d,%c\n",x,y);   }
```

A. 67,C　　B. B,C　　C. 不确定的值　　D. C,D

18. 下列程序的输出结果是________。

```
main()
{  int m=7,n=5;   printf("%d \n",n=n/m);   }
```

A. 不确定值　　B.1　　C. 5　　D. 0

19. 假设所有变量均为整型,则表达式(x=2,b=5,b++,x+ b)的值是________。

A. 7　　B. 2　　C. 6　　D. 8

20. 执行下列程序段后,n 的值是________。

```
int   m=2,x=3,y=4,a=5,n;
n=(m<x)? m:x;
```

```
n=(n<y)? n:y;
n=(n<a)? n:a;
```

A. 4　　B. 2　　C. 3　　D. 5

21. int a=1,b=2,s=3;if(a>b) a=b;if(a>s) a=s;则 a 的值为________。

A. 1　　B. 不一定　　C. 3　　D. 2

22. 以下程序的输出结果是________。

```
# define  N(x,y)  (x)<(y)? (x):(y)
main()
{  int  m,j,k;
   m=10;j=15;k=10*N(i,j);
   printf("%d\n",k);
}
```

A. 10　　B. 150　　C. 15　　D. 100

23. 以下程序中,c 的二进制值是________。

```
char s=3,t=6,p;
p=s^ t<<2;
```

A. 00011100　　B. 00010100　　C. 00011000　　D. 00011011

24. 执行下列语句后的输出为________。

```
int  t=-1;
if(t<=1) printf("****\n");
else  printf("%%%%\n");
```

A. %%%%c　　B. 有错,执行不正确

C. ****　　D. %%%%

25. 以下叙述正确的是________。

A. 用 do-while 构成循环时,只有在 while 后的表达式为非零时结束循环

B. do-while 语句构成的循环不能用其他语句构成的循环来代替。

C. 用 do-while 构成循环时,只有在 while 后的表达式为零时结束循环

D. do-while 语句构成的循环只能用 break 语句退出。

26. 以下程序段的输出结果是________。

```
int  p=10;
while(p>7)
{p--;  printf("%d",p);  }
```

A. 1098　　B. 10987　　C. 987　　D. 9876

27. 以下程序段中,能够正确地执行循环的是________。

A. static int a;while(a)　　B. int s=6;do s-=2;while(s);

C. for(n=1;n>10;n++)　　D. int s=6;m:if(s<100)exit(0);else s-=2;goto m:

28. 以下程序段的输出结果是________。

```
int m,j,s=0;
for(m=1;m <=15;m+=4)
      for(j=3;j <=19; j+=4)
         s++;
printf("%d \n",s);
```

A. 15　　B. 12　　C. 20　　D. 25

29. 以下对一维整型数组 s 的正确说明是________。

A. int i;scanf("%d",&n);int s[i];　　B. # define SIZE 10 (换行)　int s[SIZE];

C. int s(10);　　D. int i=10,s[i];

30. 以下数组定义中不正确的是________。

A. int x[2][3];　　B. int z[][3]={0,1,2,3};

C. int y[3][]={{1,2},{1,2,3},{1,2,3,4}};　　D. int a[100][100]={0};

31. 以下不构成无限循环的语句或者语句组是________。

A. n=0;
   do{++n;}while(n<=0);

B. n=0;
   while(1){n++;}

C. n=10;
   while(n);{n--;}

D. for(n=0,i=1;;i++)n+=i;

32. 有以下程序,程序运行后的输出结果是________。

```
# include <stdio.h>
int z(int x,int y)
{ return((y-x)*x);}
main()
{ int a=3,b=4,c=5,d;   d=z(z(a,b),z(a,c));   printf("%d \n",d);   }
```

A. 7　　B. 10　　C. 8　　D. 9

33. 若已定义的函数有返回值,则以下关于该函数调用的叙述中错误的是________。

A. 函数调用可以作为一个函数的实参

B. 函数调用可以出现在表达式中

C. 函数调用可以作为一个函数的形参

D. 函数调用可以作为独立的语句存在

34. C 语言中函数调用的方式有________。

A. 函数调用作为语句或函数表达式两种

B. 函数调用作为语句一种

C. 函数调用作为语句、函数表达式或函数参数三种

D. 函数调用作为函数表达式一种

35. 以下程序的输出结果是________。

```
main()
{ int i=2,p;   p=f(i,i+1);   printf("%d",p);   }
int f(int a,int b)
```

```
{   int c;   c=a;
    if(a>b)   c=1;
    else if(a==b) c=0;
    else   c=-1;
    return (c);   }
```

A. -1　　B. 1　　C. 2　　D. 0

36. 以下程序的输出结果是________。

```
# include "stdio.h"
# define   FUDGF(y)   2.84+y
# define   PR(a)   printf("%d",(int) (a))
# define   PRINT1(a)   PR(a);   putchar('\n')
main()
{   int x=2;   PRINTF1(FUDGF(5) *x);   }
```

A. 12　　B. 15　　C. 11　　D. 13

37. 以下程序的输出结果是________。

```
main()
{   int a[5]={2,4,6,8,10},*p,**s;
    p=a;   s=&p;
    printf("%d   ",*(p++));   printf("%d\n",**s);   }
```

A. 4　6　　B. 2　2　　C. 2　4　　D. 4　4

38. 以下程序的输出结果是________。

```
main()
{   int a[]={1,2,3,4},i,m=0;
    for(i=0;   i<4;   i++)
        {   sub(a,&m);   printf("%d",m);   }
    printf("\n");
}
sub(int *p,   int *y)
{   static   int t=3;   *y=p[t];   t--;   }
```

A. 4 4 4 4　　B. 0 0 0 0　　C. 1 2 3 4　　D. 4 3 2 1

39. 若有定义 int x[10],*p=x;则 p+5 表示________。

A. 元素 a[5]的地址　　B. 元素 a[6]的地址

C.元素 a[6]的值　　D. 元素 a[5]的值

40. 已知指针 p 的指向如图所示，则执行语句*p++;后，*p 的值是________。

a[0]	a[1]	a[2]	a[3]	a[4]
10	20	30	40	50
	↑ p			

A. 30　　　　B. 31　　　　C. 21　　　　D. 20

二、程序填空

下列函数 fun 的功能是：将十进制数转换成十六进制数。

请在下划线处填入正确的内容并将下划线删除，使程序得出正确的结果。不得增行或删行，也不得更改程序的结构！

```
#include "stdio.h"
#include "string.h"
fun(char p[],int b)
{   int j,i=0;
    /**********FILL**********/
    while (____①____)
    {   j=b%16;
        if(j>=0 && j<=9)
        /**********FILL**********/
    ____②____;
    else p[i]=j+55;
        b=b/16;
    i++;   }
    /**********FILL**********/
    ____③____;
}
main ()
{ int x,i;   char a[20];
  printf("input a integer:\n");   scanf("%d",&x);
  fun(a,x);
  for(i=strlen(a)-1;i>=0;i--)   printf("%c",a[i]);
  printf("\n");
}
```

三、程序改错

下列函数的功能是：某个公司采用公用电话传递数据，数据是四位的整数，在传递过程中是加密的，加密规则如下：每位数字都加上 5，然后除以 10 的余数代替该位数字。再将新生成数据的第一位和第四位交换，第二位和第三位交换。

请改正程序中的错误，使其能得出正确的结果。注意：不得增行或删行，也不得更改程序的结构！

例如，输入一个四位整数 1234，则结果为 9876。

```
#include "stdio.h"
main()
{ int x,i,s[4],t;
  printf("输入一个四位整数：");
  /**********ERROR**********/
  scanf("%d",x);
  s[0]=x%10;
  /**********ERROR**********/
  s[1]=x%100%10;
  s[2]=x%1000/100;
  s[3]=x/1000;
  /**********ERROR**********/
  for(i=0;i<3;i++)
    {   s[i]+=5;   s[i]%=10;   }
  for(i=0;i<=3/2;i++)
    {   t=s[i];   s[i]=s[3-i];   s[3-i]=t;   }
  for(i=3;i>=0;i--)   printf("%d",s[i]);
}
```

四、程序设计

请编写 fun 函数，其功能是：求不大于 x 的所有素数并放在 aa 数组中，该函数返回所求出素数的个数。

请勿改动主函数 main 和其他函数中的任何内容，仅在 fun 函数的花括号中填入若干语句。

```
#include "stdio.h"
#include "conio.h"
#define MAX 100
int fun(int lim,int aa[MAX])
{   /**********Begin**********/
    //在此写入代码
    /**********End**********/
}
main()
{ int x,i,sum;   int aa[MAX];
  void NN();
  printf("Please Input aInteger:");   scanf("%d",&x);
  sum=fun(x,aa);
  for(i=0;i<sum;i++)
```

```
  {   if(i%10==0&&i!=0) printf("\n");
      printf("%5d",aa[i]);}
  NN();
}
void NN()
{ int i,j,array[100],sum,lim;
  FILE *rf,*wf;
  rf=fopen("in.dat","r");   wf=fopen("out.dat","w");
  for (j=0;j<=5;j++)
    { fscanf(rf,"%d",&lim);   sum=fun(lim,array);
      for(i=0;i<sum;i++)   fprintf(wf,"%7d",array[i]);
      fprintf(wf,"\n");   }
  fclose(rf);   fclose(wf);   }
```

模拟练习二

一、选择题

1. 设某二叉树的后序序列为 CBA，中序序列为 ABC，则该二叉树的前序序列为________。

A. BCA　　B. CBA　　C. ABC　　D. CAB

2. 下列叙述中正确的是________。

A. 存储空间不连续的所有链表一定是非线性结构

B. 结点中有多个指针域的所有链表一定是非线性结构

C. 能顺序存储的数据结构一定是线性结构

D. 带链的栈与队列是线性结构

3. 算法时间复杂度的度量方法是________。

A. 算法程序的长度　　B. 执行算法所需要的基本运算次数

C. 执行算法所需要的所有运算次数　　D. 执行算法所需要的时间

4. 设循环队列为 Q(1:m)，初始状态为 front=rear=m。现经过一系列的入队与退队运算后，front=rear=1，则该循环队列中的元素个数为________。

A. 1　　B. 2　　C. m-1　　D. 0 或 m

5. 计算机软件的构成是________。

A. 源代码　　B. 程序和数据

C. 程序和文档　　D. 程序、数据及相关文档

6. 下面不属于软件设计阶段任务的是________。

A. 软件的详细设计　　B. 软件的总体结构设计

C. 软件的需求分析　　D. 软件的数据设计

7. 下面属于黑盒测试方法的是________。

A. 边界值分析法　　B. 基本路径测试　　C. 条件覆盖　　D. 条件—分支覆盖

8. 一名雇员就职于一家公司，一个公司有多个雇员，则实体公司和实体雇员之间的联系是________。

A. 1:1 联系　　B. 1:m 联系　　C. m:1 联系　　D. m:n 联系

9. 有关系 R 如下，其中属性 A 为主键：

A	B	C
a	0	k1
b	1	n1
	2	p1

则其中最后一个记录违反了________。

A. 实体完整性约束　　B. 参照完整性约束

C. 用户定义的完整性约束　　D. 关系完整性约束

10. 在数据库系统中，用于对客观世界中复杂事物的结构及它们之间的联系进行描述的是____。

A. 概念数据模型　B. 逻辑数据模型　C. 物理数据模型　D. 关系数据模型

11. 以下选项中可用作C语言中合法用户标识符的是________。

A. _222　B. for　C. -bee　D. 8b

12. 以下选项中合法的C语言赋值语句是________。

A. ++x;　B. x=y=34　C. x=3,y=9　D. z=int(x+y);

13. 以下程序段中的变量已定义为int类型

```
s=p=5;p=s++,p++,++p;printf("%d \n",p);
```

程序段的输出结果是________。

A. 6　B. 4　C. 5　D. 7

14. 有以下程序，程序运行后的输出结果是________。

```
#include <stdio.h>
int fun (intm,int n)
{   if(m! =n)   return ((m+n)/2);
    else   return (m);   }
main()
{ int x=4,y=5,k=6;   printf("%d \n",fun(2*x,fun(y,k)));   }
```

A. 3　B. 6　C. 8　D. 12

15. 有以下程序，程序运行后的输出结果是________。

```
#include <stdio.h>
main()
{   char   n='A',m='Y';   printf("%d,%d\n",n,m);}
```

A. 输出格式不合法,输出出错信息　B. A,Y

C. 65,90　D. 65,89

16. 若变量已正确定义，则以下for循环________。

```
for(a=0,b=0;(b! =123)&&(a<4);a++);
```

A. 执行4次　B. 执行3次　C. 执行次数不确定　D. 执行123次

17. 有以下程序，程序运行后的输出结果是________。

```
#include <stdio.h>
main()
{ int n,m;
  for(n=3;n>=1;n--)
{   for(m=1;m<=2;m++)
        printf("%d",n+m);
            printf("\n");   }
}
```

A. 2 3 4
　3 4 5　　B. 4 3 2
　5 4 3
　4 5　　C. 2 3
　3 4　　D. 4 5
　3 4
　2 3

18. 设变量已正确定义,以下不能统计出一行中输入字符个数(不包含回车符)的程序段是________。

A. x=0;while((c=getchar())!='\n')　x++;

B. x=0;while(getchar()!='\n')　x++;

C. for(x=0;getchar()!='\n';　x++);

D.x=0;for(c=getchar();　c!='\n';　x++);

19. 有以下程序,程序运行后的输出结果是________。

```
#include <stdio.h>
main()
{   int i,j,k=241;
    i=k/100%9;   j=(-1)&&(-1);
    printf("%d,%d \n",i,j);
}
```

A. 2,1　　B. 6,1　　C. 6,0　　D. 2,0

20. 有以下程序,程序运行后的输出结果是________。

```
#include <stdio.h>
main()
{   int   n;
    for(n=1;n<=5;n++)
    {   if(n%2)   printf("*");
        else   continue;
        printf("#");   }
    printf("$ \n");
}
```

A. *#*#*#$　　B. *#*#*$　　C. *#*#$　　D. *#*#*#*$

21. 若有说明语句 int *t [5],以下叙述正确的是________。

A. t 是一个具有 5 个指针元素的一维数组,每个元素都只能指向整型变量

B. t 是指向整型变量的指针

C. t 是一个指向具有 5 个整型元素的一维数组的指针

D. t 是一个指向 5 个整型变量的函数指针

22. 正确的输入形式是________。

```
scanf("%f %c %f %c",&x,&c1,&y,&c2);
```

A. 2.0%　4.0#　　B. 2%　4#　　C. 2.0%　4.0#　　D. 2%　4#

23. 函数调用语句 s((p1,p2),(p1,p2,p3)),含有的实参个数是________。

A. 1　　B. 4　　C. 5　　D. 2

24. A 若有定义语句 int x[10]={0,1,2,3,4,5,6,7,8,9},*p=x;以下选项中错误引用 x 数组元素的是________。(其中 0≤i<10)

A. *(*(x+i))　　B. x[p-x]　　C. p[i]　　D. * (&x[i])

25. 有以下程序,程序运行后的输出结果是________。

```
# include <stdio.h>
main()
{  int   s[10]={11,12,13,14,15,16,17,18,19,20},*p=s,i=9;
   printf("%d,%d,%d\n",s[p-s],p[i],*(&s[i]));
}
```

A. 11,19,19　　B. 12,20,20　　C. 11,20,20　　D. 12,19,20

26. 有以下程序,程序运行后的输出结果是________。

```
# include <stdio.h>
voidfun(int *s,int t,int *k)
{  int   m;
   for(m=0,*k=m;m<t;m++)
        if(s[m]>s[*k]) *k=m;
}
main()
{  int   x[10]={11,12,13,14,15,16,20,18,19,10},n;
   fun(x,10,&n);
   printf("%d,%d \n",n,x[n]);
}
```

A. 6,20　　B. 10,9　　C. 7,20　　D. 10,10

27. 有以下说明语句 char *t="\"Name\\Address\n";指针 t 所指字符串的长度是________。

A. 17　　B. 15　　C. 14　　D. 说明语句不合法

28. 有以下程序,程序运行后的输出结果是________。

```
# include <stdio.h>
# include <string.h>
main()
{  char   s[12]={'s','t','r','i','n','g'};printf("%d\n",strlen(s));}
```

A. 6　　B. 7　　C. 11　　D. 12

29. 有以下程序,程序运行后的输出结果是________。

```
# include <stdio.h>
main()
{  char *t[6]={"ABCD","EFGH","IJKL","MNOP","QRST","UVWX"},**s;int n;
   s=t;
   for(n=0;n<4;n++)   printf("%s",s[i]);
```

```
    printf("\n");
}
```

A. ABCDEFGHIJKLMNOP　　B. ABCDEFGHIJKL

C. ABCD　　D. AEIM

30. 有以下程序，程序运行后的输出结果是________。

```
#include <stdio.h>
main()
{   int x=1,y=3;
    printf("%d,",x++);
    {   int   x=0;
        x+=y*2;
        printf("%d,%d,",x,y);   }
    printf("%d,%d \n",x,y);
}
```

A. 1,6,3,1,3　　B. 1,6,3,2,3　　C. 1,6,3,6,3　　D. 1,7,3,2,3

31. 有以下程序，程序运行后的输出结果是________。

```
#include <stdio.h>
int   s(int x)
{   int y;
    if(x==0||x==1)   return(3);
    y=x*x-s(x-2);
    return   y;   }
main()
{   int a;a=s(3);printf("%d",a);}
```

A. 0　　B. 9　　C. 6　　D. 8

32. 以下程序的输出结果是________。

```
main()
{int m,n,s,x=3,y=2;
m=(--x==y++)?--x:++y;   j=x++;   s=b;
printf("m=%d,n=%d,k=%d\n",m,n,s);
}
```

A.m=1,n=1,s=2　　B. m=2,n=1,s=3　　C. m=1,n=1,s=3　　D. m=4,n=2,s=4

34. 设 int n=2，表达式(n>>2)/(n>>1)的值是________。

A.8　　B. 2　　C. 0　　D. 4

33. 有以下程序，程序运行后的输出结果是________。

```
#include <stdio.h>
main()
```

```
{ int s=8;
  for(;s>=0;s--)
  {   if(s%3)
        {printf("%d,",s--);   continue;   }
     printf("%d",--s);
  }
}
```

A. 7,4,2　　B. 8,7,5,2　　C. 9,7,6,4　　D. 8,5,4,2

34. 以下关于 fclose(fp)函数的叙述正确的是

A. 当程序中对文件的所有写操作完成之后，必须调用 fclose(fp)函数关闭文件

B. 当程序中对文件的所有写操作完成之后，不一定要调用 fclose(fp)函数关闭文件

C. 只有对文件进行输入操作之后，才需要调用 fclose(fp)函数关闭文件

D. 只有对文件进行输出操作之后，才能调用 fclose(fp)函数关闭文件

35. 若有以下定义和语句，则值为 6 的表达式是________。

```
struct   std   {int i;struct   std   *next;};
struct std x[3]={5,&x[0],6,&x[1],7,&x[2]},*s;
s=&x[0];
```

A. (*s).i++　　B. s++->i　　C. s->i++　　D. (++s)->i

36. 有以下程序，程序运行后的输出结果是________。

```
#include <stdio.h>
int fun(intm,int n)
{   if(n==0)   return m;
    else   return(fun(--m,--n));   }
main()
{ printf("%d \n",fun(4,2));   }
```

A. 1　　B. 2　　C. 3　　D. 4

37. 有以下程序，程序运行后的输出结果是________。

```
#include <stdio.h>
main()
{   int x=36,y;char   z='A';
    y=(x>>2)&&(z<'a');
    printf("%d \n",y);
}
```

A. 1　　B. 0　　C. 2　　D. 4

38. 有以下程序，程序运行后不能输出字符 u 的语句是________。

```
#include <stdio.h>
typedef   struct {char   name[12];int age;   } TT;
```

```
main()
{   TT   std[10]={   "Adum",15,
                     "Muty",16,
                     "Paul",17,
                     "Johu",14,   };
                     ⋮
}
```

A. printf("%c\n",std[1].name[1]);　　　　B. printf("%c\n",std[3].name[3]);

C. printf("%c\n",std[2].name[2]);　　　　D. printf("%c\n",std[0].name[3]);

39. 设有定义：int x=64,y=8;，则表达式(x&y)||(x&&y)和(x|y)&&(x||y)的值分别为________。

A. 1和1　　B. 1和0　　C. 0和1　　D. 0和0

40. 有以下程序，程序运行后的输出结果是________。

```
#include <stdio.h>
main()
{   FILE *p;
    int i,x[6]={1,2,3,4,5,6},n;
    p=fopen("file.dat","w+");
    fprintf(p,"%d \n",x[0]);
    for (i=1;i<6;i++)
    { fseek(p,0L,0);
      fscanf(p,"%d",&n);
      fseek(p,0L,0);
      fprintf(p,"%d \n",x[i]+n);
      }
    rewind(p);
    fscanf(p,"%d",&n);
    fclose(p);
    printf("%d \n",n);
}
```

A. 21　　B. 6　　C. 123456　　D. 11

二、程序填空

下列函数fun的功能是：找出100到m(m≤999)之间各位上的数字之和为15的所有整数，并在屏幕输出，将符合条件的整数的个数作为函数值返回。

例如，当n值为500时，各位数字之和为15的整数有：159、168、177、186、195、249、258、267、276、285、294、339、348、357、366、375、384、393、429、438、447、456、465、474、483、492。共有26个。

请在下划线处填入正确的内容并将下划线删除，使程序得出正确的结果。不得增行或删行，也不得更改程序的结构！

```
#include <stdio.h>
int fun(int x)
{ int n,a,b,c,d;
/**********found**********/
   n=___①___;
   d=100;
/**********found**********/
   while(d<=___②___)
   { a=d%10;   b=(d/10)%10;   c=d/100;
     if(a+b+c==15)
     {  printf("%d",d);
        n++;
     }
/**********found**********/
   ___③___;
   }
   return n;
}
main()
{ int m=-1;
  while(m<0||m>999)
  {  printf("Please input(0<m<=999):");scanf("%d",&m);  }
  printf("\nThe result is:%d \n",fun(m));
}
```

三、程序改错

下列函数 fun 的功能是：先将 s 所指字符串中的字符按逆序存放到 t 所指字符串中，然后把 s 所指串中的字符按正序连接到 t 所指串之后。

例如，当 s 所指的字符串为"ABCDE"时，t 所指的字符串应为"EDCBAABCDE"。

请改正程序中的错误，使其能得出正确的结果。注意：不得增行或删行，也不得更改程序的结构！

```
#include <stdio.h>
#include <string.h>
void fun (char  *s,char  *t)
{ /************found************/
    int i;
```

```
        sl=strlen(s);
        for (i=0;i<sl;i++)
/************found************/
            t[i]=s[sl-i];
        for (i=0;i<=sl;i++)
            t[sl+i]=s[i];
        t[2*sl]='\0';
}
main()
{   char    a[100],b[100];
    printf("\nPlease enter string s:");scanf("%s",a);
    fun(a,b);
    printf("The result is:%s\n",b);
}
```

四、程序设计

请编写 fun 函数,其功能是:将一个数字字符串转换为一个整数(不得调用 C 语言提供的将字符串转换为整数的函数)。例如,若输入字符串"-1234",则函数把它转换为整数值-1234。

请勿改动主函数 main 和其他函数中的任何内容,仅在 fun 函数的花括号中填入若干语句。

```
#include <stdio.h>
#include <string.h>
long   fun (char *p)
{   /**********Begin**********/
    //在此写入代码
    /**********End**********/
}
main()
{ char s[6];long n;void TEST();
  printf("Enter a string:\n");
  gets(s);
  n=fun(s);
  printf("%ld\n",n);
  TEST();
}
void TEST()
{ FILE *fp1,*fp2;
```

```
int i;char s[20];long n;
fp1=fopen("in.dat","r");
fp2=fopen("out.dat","w");
for(i=0;i<10;i++)
{ fscanf(fp1,"%s",s);
  n=fun(s);
  fprintf(fp2,"%ld \n",n);    }
fclose(fp1);
fclose(fp2);
}
```

【微信扫码】
参考答案

参考文献

[1] 苏小红，王宇颖，孙志岗.C 语言程序设计[M].4 版.北京：高等教育出版社.2016.

[2] 柴田望洋.明解 C 语言[M].3 版.管杰，罗勇，杜晓静，译.北京：人民邮电出版社,2015.

[3] 常子楠.C 语言程序设计学习指导[M].2 版.南京：南京大学出版社,2015.

[4] 田丰春,杨种学.C 语言程序设计[M].南京：南京大学出版社,2016.

[5] 全国计算机等级考试命题研究中心，未来教育教学与研究中心.2017 全国计算机等级考试教程：二级 C 语言程序设计[M].成都：电子科技大学出版社,2016.

[6] 教育部考试中心.全国计算机等级考试二级教程——C 语言程序设计(2017 年版)[M].北京：高等教育出版社,2016.

[7] 韩立毛.C 语言程序设计教程[M].南京：南京大学出版社,2013.

[8] 谭浩强.C 程序设计[M].4 版.北京：清华大学出版社,2010.

[9] 谭浩强.C 程序设计题解与上机指导[M].4 版.北京：清华大学出版社,2010.

[10] 明日科技.C 语言从入门到精通[M].2 版.北京：清华大学出版社,2012.

[11] 明日科技.C 语言常用算法分析[M].北京：清华大学出版社,2012.

[12] 杨峰.妙趣横生的算法：C 语言实现[M].2 版.北京：清华大学出版社,2015.

[13] Kyle Loudon.算法精解：C 语言描述[M].肖翔，陈舸，译.北京：机械工业出版社,2012.

[14] 刘振安，刘燕君.C 语言解惑指针、数组、函数和多文件编程[M].北京：机械工业出版社,2016.

[15] 贾蓓，郭强，刘占敏，等.C 语言趣味编程 100 例[M].北京：清华大学出版社,2014.

[16] 江苏省计算机等级考试命题研究组.二级 C 语言考试考点与题解[M].镇江：江苏大学出版社,2017.